世界不曾亏欠每一个努力的人

微　阳　编著

吉林文史出版社

图书在版编目（CIP）数据

世界不曾亏欠每一个努力的人 / 微阳编著. -- 长春:
吉林文史出版社, 2019.7（2024.8重印）

ISBN 978-7-5472-6015-9

Ⅰ. ①世… Ⅱ. ①微… Ⅲ. ①成功心理—通俗读物
Ⅳ. ①B848.4-49

中国版本图书馆CIP数据核字(2019)第042410号

世界不曾亏欠每一个努力的人

SHIJIEBUCENGKUIQIANMEIYIGENULIDEREN

编　　著　微　阳
责任编辑　张雅婷
封面设计　末末美书
出版发行　吉林文史出版社有限责任公司
地　　址　长春市福祉大路5788号
电　　话　0431-81629353
网　　址　www.jlws.com.cn
印　　刷　北京永顺兴望印刷厂
开　　本　880mm×1230mm　1/32
印　　张　4
字　　数　80千
版　　次　2019年7月第1版　2024年8月第2次印刷
定　　价　19.80元
书　　号　ISBN 978-7-5472-6015-9

前 言

\PREFACE\

在我们的生活中总有那么一些人，他们不是富二代、官二代，也不是高富帅、白富美，没有引以为傲的家庭背景，没有过人的天赋，或许生活还会给他们更多的磨难，手中并没有一副好牌，可是，他们却走到了人生的高处，取得了常人无法企及的成就。他们凭的是什么？这便是被很多人忽略的“努力”与“拼搏”，是敢闯、能吃苦的拼劲。

应该每个人都不会否认，我们都曾有梦想，都希望找到喜欢的生活状态，但是，时间长了，有些人就忘记了曾经的万丈豪情，忘记了曾经许下的诺言。不知道有多少人被眼前的困难吓得连连后退，有多少人躲在安逸的生活里不愿探头，有多少人藏在时光的角落里窥探他人的成功而悔恨。在忙忙碌碌的生活里，在逼仄的格子间里，很多人让迷茫代替了坚定，理想变成了无助，笑容扭成了愁容。叫嚷着命运不公，抱怨、吐槽成了这些人生活的一部分，甚至有的人已经随波逐流。

我们常说，生活会给予我们想要的一切，但许多人憧憬的美好状态，不是说一说或是做一个美梦就可以实现的，它需要我们比别人多努力百倍、多付出百倍，甚至是受折磨百倍，才可能拥有。如果没有跨急流攀险峰的胆魄，没有全力以赴抵达理想彼岸的决心，遇到荆棘和坎坷就轻易退却，遭受泥泞和伤痛就选择放弃，那么无论我们再怎么憧憬诗和远方，生活本身依然会是一潭死水。过好这一生，你需要智慧，更需要勇气。有勇气去努力和拼搏，才会让你放弃眼前的苟且，穿越更多的丛林，见识更多的风景，历险美好的岁月。

努力，是为了不辜负曾经那些五光十色的梦想；拼搏，是为了以更快的速度接近我们心中的目标；奔跑，是为了提醒自己前方的路途还很漫长。跌倒了爬起来就好，受伤了休息后再出发。现在流的汗水，是为了证明我们没有空耗生命。现在那么拼命努力，是为了十年后，乃至年老时，不因虚度时光而追悔莫及。

生活从来不会辜负每一个人的努力。从来到这个世界上开始，我们就在与命运做斗争。慢慢地你会发现，当你越努力时，你就会变得越幸运。所谓的挫折、失败、苦难并不可怕，可怕的是不敢面对。所有命运给予你的伤痛，终将会成为你人生的垫脚石，是别人无法复制、独属于自己的人生勋章。在奋斗的道路上，荆棘丛生，被伤害、受委屈都是必然，如果就此放弃，将一事无成。要知道，每一座历尽艰难爬上的山峰都是到达更高山峰的起点。它们不是拦路虎，而是过路桥；它们不是命运给你设下的坎，而是赐予你的机会——遭遇坎坷，大部分人会退缩，而你继续前行，等着你的将会是更大的收获。

目 录

\CONTENTS\

第一章

如果你知道去哪儿，全世界都会为你让路

改变世界的能量，信则有，不信则无

这是一个发生在美国内战期间最奇特的故事。

那个时候的艾迪太太认为生命中只有疾病、愁苦和不幸。她的第一任丈夫，在他们婚后不久就去世了，她的第二任丈夫又抛弃了她，和一个已婚妇人私奔，后来死在一个贫民收容所里。她只有一个儿子，却由于贫病交加，不得不在孩子4岁那年就把他送走了。她不知道儿子的下落，整整31年都没有再见到他。

她生命中戏剧化的转折点，发生在马萨诸塞州的林恩市。一个很冷的日子，她在城里走着的时候，突然滑倒了，摔倒在结冰的路面上，而且昏了过去。她的脊椎受到了伤害，她的身体不停地痉挛，甚至医生也认为她活不久了。医生还说，即使是奇迹出现而使她能活下来的话，她也绝对无法再行走了。

躺在一张看来像是送终的床上，艾迪太太打开她的《圣经》。

她后来说，耶稣的话使她产生了一种力量，一种信仰，一种能够医治她的力量，使她立刻下了床，开始行走。

“这种经验，”艾迪太太说，“就像引发牛顿灵感的那只苹果一样，使我发现自己怎样地好了起来，以及怎样也能使别人做到这一点。我可以很有信心地说：‘一切的原因就在你的思想，而一切的影响力都是心理现象。’”

这不是神话，也不是偶然。我们活得愈久，就愈深信思想的力量。生命中总有一些转折点，抓住这样一个转折点，我们的人生就会有突破和进展。

给自己一个信仰，你的生活就会多一分希望。

明确的目标是一切成功的起点

一个连自己的人生观都还没有确定、学问道德修养都还不够的人，是没有资格直接去指点别人行为得失的。一个人没有自己的人生观，没有人生的方向，只是一味地跟着环境在转，那是人生最悲哀的事。人生有自我存在的价值，选择一个目标，也等于明确了人生的方向，这样才不至于迷失。

一个辉煌的人生在很大程度上取决于人生的方向，个人的幸福生活也离不开方向的指引。确立人生的方向是人一生中最值得认真去做的事情。你不仅需要自我反省、向人请教“我是什么样的人”，还需要很清楚地知道“我究竟需要什么”，包括想成就什么样的事业、结交什么样的朋友、培养和保留什么样的兴趣爱好、过一种什么样的生活。这些选择是相对独立的，但却是在一个系统内的，彼此是呼应的，从而共同形成人生的方向。

人生是一段旅程，方向很重要，每个人都可以掌握自己人生的方向。找到人生方向的人是最快乐的人，他们在每天的生活中体验这些，追求一种能令他们愉悦和满意的生活，他们的生活是与他们所向往的人生方向相一致的，对人生方向的追求使他们的生命更加有意义。

人生的方向也是人生的哲学。在追求自己人生方向的过程中，应不断地做出总结，这并不是说你正处于一个人生的危急关头，不得不在你未来的目标和你的职业道路之间做出一个选择，而是从一开始就给自己选定人生的方向，这才是最关键的人生问题。

成功者没有时间表

人生总会有高低起伏，不会有永远处于低谷的人生，也不会有永远兴盛的家世，处于困顿中的人一样要抱持这样一种信念，要相信自己总有一天会成功。

张海迪1955年出生于山东省文登县，小的时候，她很聪明、活泼。可五岁那年，她突然得了一种奇怪的病，胸部以下完全失去了知觉，生活不能自理了。为了治好病，她不知道做了多少次手术，但最终也没治好她的病。医生们都认为，像张海迪这么小的高位截瘫患者，一般很难活到成年。

面对死神的威胁，小海迪意识到自己的生命很难长久，可是她并没有向命运屈服，她不想成为一个只能依赖家人的人，她相信，只要自己坚持不懈地努力，自己总有一天会获得成功。为了不虚度光阴，她把每一分每一秒都用在刻苦自学上。

在日记中，她把自己比作天空中的一颗流星。她这样写道：“不能碌碌无为地活着，活着就要学习，就要多为群众做些事情。既然我像一颗流星，我就要把光留给人间，把一切奉献给人民。”

1970年，张海迪跟随父母到乡下插队落户。她看到当地群众缺医少药，便萌生了学习医术的想法。她用平时省下来的零用钱买来了医学书籍，努力研读。为了能够识别内脏，她拿一些小动物来做解剖，为了了解人的针灸穴位，她就用自己的身体做实验；她用红笔、蓝笔在身上画满了各种各样的点，在自己的身上练习扎针。她以常人难以想象的坚强的毅力，克服了无数次的困难，终于能够治疗一些常见病和多发病了。

十几年里，张海迪医好了一万多名群众。搬到县城后，由于身体残疾，她没有工作可做，但她并不想让自己成为一个闲人。她从高玉宝写书的经历中得到启示，决定自己也走文学创作的道路，用笔去描绘美好的生活。

经过多年的勤奋写作，张海迪已经成为山东省文联的专业创作人员，她的作品《轮椅上的梦》一经出版问世，就立刻引起了十分强烈的反响。张海迪有着坚定的人生信念，只要自己认准了的目标，无论前面有多少艰难险阻，都要努力地跨越过去。

一次，一位老同志拿一瓶进口药，请她帮助翻译一下文字说明，可张海迪并不懂英文，看着这位老同志满脸失望地离去，她心里很是不安。从那天开始，她决心学习英文。在学习英文期间，她的墙上、桌上、灯罩上、镜子上乃至手上、胳膊上都写有英语单词，她还给自己定下了任务，每天晚上必须记住十个单词，否则就不睡觉。家里无论来了什么样的客人，只要会一点儿英语的，都成了她学习英语的老师。

几年以后，她不仅可以熟练阅读英文版的报刊和文学作品，而且还翻译了英国长篇小说《海边诊所》。当她将这部译稿交给某出版社的总编时，那位年过半百的老同志感动得流下了热泪。

是的，每个人都会遇到这样那样的不顺。这时，你必须保持清醒，坚定地相信自己总有一天会成功。秉持这样的信念，上天就不会辜负你。

没有一帆风顺的人生，即使现在你失业了，也不要自暴自弃，心中永远保存着成功的信念，终有一天你会获得成功。

只要你不放弃，梦想会一直在原地等你

美国一位哲人曾这样说过："很难说世上有什么做不了的事，因为昨天的梦想，可以是今天的希望，并且还可以是明天的现实。"梦想是什么呢？梦想是对美好未来的向往与追求，它在我们的生命中是不可或缺的。没有泪水的人，他的眼睛是干涸的；没有梦想的人，他的世界是黑暗的。

梦想对一个人是很重要的，一个没有梦想的人，就像断了

线的风筝一样，没有任何的方向和依靠，就像大海中迷失了方向的船，永远都靠不了岸。只有梦想可以使我们有希望，只有梦想可以使我们保持充沛的想象力和创造力。要想成功，必须具有梦想，你的梦想决定了你的人生。

俄国文学家列夫·托尔斯泰说：“梦想是人生的启明星。没有它，就没有坚定的方向；没有方向，就没有美好的生活。”

梦想能激发人的潜能。心有多大，舞台就有多大。人是有潜力的，当我们抱着必胜的信心去迎接挑战时，我们就会挖掘出连自己都想象不到的潜能。如果没有梦想，潜能就会被埋没，即使有再多的机遇等着我们，我们也可能错失良机。

有了梦想，你还要坚持下去，如果半途而废，那和没有梦想的人也就没有区别了。如果你能够不遗余力地坚持，就没有什么可以阻止你的理想的实现。

梦想是前进的指南针。因为心中有梦想，我们才会执着于脚下的路，坚定自己的方向不回头，不会因为形形色色的诱惑而迷失方向，更不会被前方的险阻吓退。

人生本无意义，需要自己确立

“吃饭是为了活着，但活着绝不是为了吃饭。”这句话告诉我们：人生需要一个鲜明的意义。有的人追求爱情，为爱情百折不回、无怨无悔；有的人追求金钱，为金钱殚精竭虑、夙兴夜寐；有的人追求友情，为朋友两肋插刀、赴汤蹈火；有的人追求名誉，为名誉立身持正、两袖清风……

人生在世都有所追求，追求本身便是自己给自己设立的人生意义。倘若没有追求、没有渴望，人生就如同嚼蜡，缺少滋味。星云大师说：“成功有成功的条件，想成功必须先建立良好的观念，否则就可能差之毫厘，谬以千里。”所谓良好的观念有很多，比如“一分耕耘、一分收获”“只求付出、不求回报”“有志者事竟成”……每一种观念的确立，其实都是一条指向人生意义的路径。

子曰：“不曰‘如之何，如之何’者，吾未如之何也已矣！”这句话的意思是，一个不说“怎么办？怎么办”的人，我真不知道他该怎么办了。如果一个人对任何事情都不多加思索，不想寻找解决困难的方法，不想得到问题的答案，只是糊里糊涂地“做一天和尚撞一天钟”，那么就连孔子这样的圣人都不知道该如何开导他了。

“人生是没有意义的，但你要为之确立一个意义。”这是何其朴素又何其深刻的道理！人生需要我们为之确立一个意义。生活若缺少了意义，就缺少了乐趣，一个人就会变得浑浑噩噩，感到空虚和麻木。给人生一个鲜明的意义。这个意义，要经得起时间的考验，随着时间的流逝，你不会为之感到后悔；这个意义，能赶走生命的颓废和空虚，带来愉快和欣喜；这个意义，能永远璀璨、不会变质，值得为之舍弃很多东西。一般来说，这个意义若要无悔，必定与感情有关，与金钱无关，人生的意义，必须包含一些精神上的寄托，如此才能感到生命无悔。

目标有价值，人生才有价值

关于人生，关于价值，著名哲学家黑格尔有一个著名的论断，他说："目标有价值，人生才有价值。"可见目标对于人生的重要性，只有了解了自己为何有此一生，确立了自己所要完成的目标，人生才会更有意义。因此，我们要树立自己的目标，而且要树立有价值的目标。

塞涅卡有句名言说："如果一个人活着不知道他要驶向哪个码头，那么任何风都不会是顺风。有人活着没有任何目标，他们在世间行走，就像河中的一棵小草，他们不是行走，而是随波逐流。"

没有目标的人生就像没有方向的航船，只能在海上漫无目的地漂泊。为了掌握自己的人生，先要明确你的目标，找到努力的方向，再立即采取行动，不断努力提高自己的能力，促进自己的成长，就能获得满意的人生。

没有方向，什么风都是逆风

人之一生，背负的东西太多太多，压得我们喘不过气来。人生中有时我们拥有的太多太乱，我们的心思太复杂，我们的负荷太沉重，我们的烦恼太无绪，诱惑我们的事物太多，大大地妨碍我们，无形而深刻地损害我们。生命如舟，载不动太多的欲望，怎样使之在抵达彼岸前不在中途搁浅或沉没？我们是否该选择放下，丢掉一些不必要的包袱，那样我们的旅程也许会多一些从容与安康。

明白自己真正想要的东西是什么，并为之而奋斗，如此才不枉费这仅有一次的人生。英国哲学家伯兰特·罗素说过，动物只要吃得饱，不生病，便会觉得快乐了。人也该如此，但大多数人并不是这样。很多人忙碌于追逐事业上的成功而无暇顾及自己的生活。他们在永不停息的奔忙中忘记了生活的真正目的，忘记了什么是自己真正想要的。这样的人只会看到生活的烦琐与牵绊，而看不到生活的简单和快乐。

我们的人生要有所获得，就不能让诱惑自己的东西太多，不能让努力的方向过于分叉。我们要简化自己的人生，要学会有所放弃，要学习经常否定自己，把自己生活中和内心里的一些东西断然放弃掉。

仔细想想你的生活中有哪些诱惑因素，是什么一直干扰着你，让你的心灵不能安宁；是什么让你坚持得太累；是什么在阻止着你的快乐。把这些让你不快乐的包袱通通丢弃。只有放弃我们人生田地和花园里的这些杂草害虫，我们才有机会同真正有益于自己的人和事亲近，才会获得适合自己的东西。我们才能在人生的土地上播下良种，致力于有价值的耕种，最终收获丰硕的粮食，在人生的花园采摘到鲜丽的花朵。

所以，仔细想想你在生活中真正想要什么？认真检查一下自己肩上的背负，看看有多少是我们实际上并不需要的，这个问题看起来很简单，但是意义深刻，它对成功目标的制订至关重要。

要得到生活中想要的一切，当然要靠努力和行动。但是，在开始行动之前，一定要搞清楚，什么才是自己真正想要的。要打发时间并不难，随便找点儿什么活动就可以应付，但是，如果这些活动的意义不是你设计的本意，那你的生活就失去了真正的意义。你能否提高自己的生活品质，并且使自己满足、有所成就，完全看你自己真正需要什么，然后能不能尽量满足这些需要。

生活中最困难的一个过程就是要搞清楚我们自己究竟想要什么。大多数人都不知道自己真正想要什么，因为我们不曾花时间来思考这个问题。面对五光十色的世界和各种各样的选择我们更不知所措，所以我们会不假思索地接受别人的期望来定义个人的需要和成功，社会标准变得比我们自己特有的需求还要重要。

我们总是太在意别人的看法，以致我们下意识地接受了别人强加于我们的种种动机，结果，努力过后才发现自己的需求一样都没能满足。更复杂的是，不仅别人的意见影响着我们的欲望，我们自己的欲望本身也是变化莫测的。它们因为潜在的需要而形成，又因为不可知的力量日新月异。我们经常得到过去十分想要的，而现在却不再需要的东西。

如果有什么原因使我们总是得不到自己想要得到的东西的话，这个原因就是你并不清楚自己到底想要什么。在你决定自己想要什么、需要什么之前，不要轻易下结论，一定要先做一番心灵探索，真正地了解自己，把握自己的目标。只有这样，你才能在生活中满意地前进。

命运只垂青那些一定要赢、一定更好的人

很多时候，我们总是被身边的人和事牵绊着、主宰着，把自己的人生交给命运去处理，而忘了自己其实是自己人生的主人，我们的命运和心灵应该由自己做主。

如果说生命是一艘航船，那么我们对舵的把握程度，就决定了我们拥有怎样的人生。一个人的命运好不好，是由自己决定的。敢于主宰和规划人生，奇迹便会不断产生。

世界上的人基本上分为两大类：一种人拥有积极乐观的人生态度，而另外一种人拥有消极悲观的人生态度。不同的人生态度，决定不同的人生结果。

那些积极乐观的人，总是自己掌握自己的命运之舵，从而顺利到达幸福的彼岸；而那些消极悲观的人，总是把自己的命运之舵交给别人，或者依靠所谓的命运之神，结果永远在苦海里挣扎。如果有了积极的心态，又能不断地努力奋斗，那么世上一切事情都有成功的可能。如果既没有积极的心态，又不肯好好去努力，那么将永远和幸福失之交臂。

在家长制依然广泛存在的今天，长辈们包办子女的前途似乎合情合理，就算偶有意见，被他们的“生存哲学”一训诫，子女也会立刻驯服。上好学校、找稳定工作、结婚生孩子……很多人总是沿着既定的轨迹向前走，按着长辈们的意愿来生活，从来没想过自己也可以开创一个全新的人生。

亨利曾经说过：“我是命运的主人，我主宰我的心灵。”做

人应该做自己的主人，应该主宰自己的命运，而不能把自己交付给别人。然而，生活中许多人却不能主宰自己，有的人把自己交付给了金钱，成为金钱的奴隶；有的人为了权力，成了权力的俘虏；有的人经历一次失败后便迷失了自己，向命运低头，从此一蹶不振。

一个不想改变自己命运的人，是可悲的；一个不能靠自己的能力改变命运的人，是不幸的。一个人想获得成功，必定要经过无数的考验，而一个经受不住考验的人是绝对不能干出一番大事的。很多人之所以不能成就大事，关键就在于无法激发挑战命运的勇气和决心，不善于在现实中寻找答案。古今中外的成功者，无不是凭借自己的努力奋斗，掌控命运之舟，在波峰浪谷间破浪扬帆。

每个人都要努力做命运的主人，不能任由命运摆布自己。像莫扎特、凡·高这些历史上的名人都是我们的榜样，他们生前都遭遇过许多挫折，但他们没有屈服于命运，没有向命运低头，而是向命运发起了挑战，最终战胜了命运，成为自己的主人，成了命运的主宰。

用自己的光，照亮自己的路

时下各种名义的聚会在年轻人中悄然流行着，也许在某次的聚会中你会遇见昔日一起毕业的好友，尽管当时你们才能相当，甚至他们不如你，但是他们现在有了自己的事业，或许成了某一阶层的“领导者”，他们之所以成功，也许是受过提拔，也许赶上了一个好的机遇，但是最重要的还是来自他们内心深处想要改变自己命运的思想。

通过下面的故事，我们来看看故事中的主人公是如何救赎自己的。

美国犹太商人朗司·布拉文37岁才开始学习经商。他的父亲在洛杉矶经营一所拥有100名员工的会计师事务所，朗司·布拉文在大学学的是会计学，毕业以后他马上进了父亲的会计师事务所工作。周围人都认为他会顺其自然地成为事务所的第二代继承人，但是，他总是觉得事务所的工作不适合自己，家族的期待和财产反而成了他的噩梦，难以摆脱。

既然他不适合眼下的路，就只能离开。他辞职了，开始尝试经商。

进入商界十几年后，他的公司年交易额已达35亿日元。他主要向日本出口与体育有关的用品、服装及辅助设备等。经销地点除了公司本部的拉斯维加斯和日本外，还有瑞士。他真正的理想是建立全球规模的跨国公司。

生活只能靠自己去选择和创造，所以布拉文选择了放弃会计师事务所，而去追求自己擅长的领域。

追求成功，得靠实力，追求财富也离不开自身的拼搏。只要拥有了遇事求己的坚强和自信，人人都能成为自己的救世主。改变人生只能靠我们自己，凡事不要依靠别人施舍，也不要希望财富与成功自天而降。只有将命运之舟紧紧地掌握在自己的手中，才能使它准确地驶向成功的彼岸。

做真实的自己，过想过的生活

生命的真正意义在于能做自己想做的事情。如果我们总是被迫去做自己不喜欢的事情，永远不能做自己想做的事情，我们就不可能拥有真正幸福的生活。可以肯定，每个人都可以并且有能力去做自己想做的事，想做某种事情的愿望，这本身就说明你具备相应的才能或潜质。

“知人者智，自知者明。”无论有多么困难，我们都应该找到自己内心深处真正需要的东西。甘愿迷失方向的人，他永远也走不出人生的十字路口；只有那些不愿随波逐流、不甘被陈规束缚的人，才有勇气和魄力解除捆绑自己身心的绳索，找到自己想做的事情，并从中享受幸福的感觉。

冲破世俗的罗网，冲破内心的矛盾，真实地做一次自由的选择吧。生活本没有那么多的拘束，只是你自己不愿意改变现状，甘于这种无奈而已。

做自己想做的事情，这也是人生一大快事！

当然，做自己想做的事情在一定程度上要取决于你是否具备该行业所要求的特长。

没有出色的音乐天赋，很难成为一名优秀的音乐教师；没有很强的动手能力，就很难在机械领域游刃有余；没有机智老练的经商头脑，也很难成为一名成功的商人。

但是，即使你具备某种特长，并不能保证你就一定能够成功。有些人具有非凡的音乐天赋，但是，他们一生却从未登上大雅之堂；有些人虽然手艺高超，却未能过上富裕的生活；有些人具有出色的人际交往和经商能力，但他们最终却是失败者。

在追求成功和致富的过程中，人所拥有的各种才能如同工具。好的工具固然必不可少，但是能否正确地使用工具同样非常重要。有人可以只用一把锋利的锯子、一把直角尺、一个很好的刨子做出一件漂亮的家具，也有人使用同样的工具却只能仿制出一件拙劣的产品，原因在于后者不懂得善用这些精良的工具。你虽然具备才能并把它们作为工具，但你必须在工作中善用它们，充分发挥其作用，方能天马行空，来去自由。

当然，如果你拥有某一个行业所需要的卓越才能，那么，你从事这个行业的工作，会比别人有更多的自由度。一般说来，处在能够发挥自己特长的行业里，你会干得更出色，因为你天生就适合干这一行。但是，这种说法具有一定的局限性。任何人都不应该认为，适合自己的职业只能受限于某些与生俱来的资质，无法做更多的选择。

做你想做的事，你将能获得最大的自由感。做你最擅长的事，并且勤奋地工作，当然这是最容易取得成功的。

如果你具有想做某件事情的强烈愿望，这本身就可以证明，你在这方面具有很强的能力或潜能。你所要做的，就是去正确地运用它，并且去巩固和发展它。

在其他所有条件相同的情况下，最好选择进入一个能够充分发挥自己特长的行业。但是，如果你对某个职业怀有强烈的愿望，那么，你应该遵循愿望的指引，选择这个职业作为你最终的职业目标。

做自己想做的事情，做最符合自己个性、令自己心情愉悦的事情，这是所有人的共同欲求。

谁都无权强迫你做自己不喜爱的事情，你也不应该去做这样的事情，除非它能帮助你最终获得自己所求的结果。

如果因为过去的失误，导致你进入了自己并不喜爱的行业，处在不如意的工作环境中，在这种情况下，你确实不得不做自己并不想做的事情。但是，目前的工作完全有可能帮助你最终获得自己喜爱的工作，认识到这一点，看到其中蕴藏的机遇，你就可以把从事眼下的工作变成一件同样令人愉悦的事情。

如果你觉得目前的工作不适合自己，请不要仓促换工作。通常说来，换行业或工作的最好方法，是在自身发展的过程中顺势而为，在现有的工作中寻找改变的机会。当然，如果一旦机会来临，在审慎的思考和判断后，就不要害怕进行突然的、彻底的变化。但是，如果你还在犹豫，还不能得出明确的判断，那么，等条件成熟了，自己觉得有把握了再行动。

你决定自己要成为的那个人

确立远大的志向对于我们的人生具有重要的意义。志向作为一种价值目标，它能够激发人们的意志和激情，产生一种强大的精神动力，激励人们以积极、主动、顽强的精神投身于生活，对人生抱有积极向上的进取精神和乐观态度。

幸福来源于为成功而奋斗，而成功的首要前提是立志，立下远大而实际的志向。所以说，立志和人生的幸福是紧密联系的。每个人毕生都会思考这样一个问题：人生的价值是什么？如何生活才是幸福？其实，一个人只要树立了远大的志向，他就会把远大志向的实现，视为人生的价值和幸福。

卡耐基认为，远大志向是对幸福的憧憬、向往和追求，幸福是远大志向的实现。志向的实现是令人神往的，是幸福的，而对志向的追求则能唤起人们的极大热忱，获得精神上的充实感，这本身也是一种幸福。所以，无数仁人志士为了追求和实现远大的奋斗目标，甘愿承担艰难困苦，他们从来都不会放弃，从来都不会绝望，他们以苦为乐，对生活始终抱着极大的希望。而那些没有远大志向的人，终日浑浑噩噩地生活，白白地浪费自己的一生。在他们的生活中也许没有多大的痛苦，但他们也不会有真正的幸福。

立志就先学会收放心。一个人清心寡欲，矢志不渝，这是人心向上的最好状态。然而在当今时代，人心容易浮躁，容易受声色犬马的诱惑，东追西逐，不知所至。这样的追求不再是美好的，反而犹如发狂的牲口，放逐于名疆利场。

立志，当然不能立歪志。中国古代讲“修齐治平”就表现出传统文化对于志的基本要求，就是要利国、利民、利天下。我们立定志向要有所为，而有所不为。面对滔滔人海，我们不能人云亦云，不盲从，敢于相信真理，相信自己的志向。虽千万人，吾往矣，这才是真正的鸿鹄之志！

那些倒在失败与挫折中的人，不是没有志向，只是他们没有坚持志向；那些在潦倒中绝望的人，不是因为他的志向太小，要知道他们也曾立下鸿鹄之志，但如果没有坚持下去，无论再大的志向也只是一场幻想；而那些志向坚定的人，无论他们的志向是小是大，那也是真正的“鸿鹄之志”！

总有一个梦想，能在现实中开花

心界决定一个人的世界。只有渴望成功，你才能有成功的机会。

成功学大师卡耐基曾说：“欲望是开拓命运的力量，有了强烈的欲望，就容易成功。”因为成功是努力的结果，而努力又大都产生于强烈的欲望。正因为这样，强烈的创富欲望，便成了成功创富最基本的条件。如果你不想再过贫穷的日子，就要有创富的欲望，并让这种欲望时时刻刻激励你，让你向着这一目标坚持不懈地前进。许多成功者有一个共同的体会，那就是创富的欲望是创造和拥有财富的源泉。

20世纪人类的一项重大发现，就是认识到思想能够控制行动。你怎样思考，你就会怎样去行动。你要是强烈渴望致富，你就会调动自己的一切能量去创富，使自己的一切行动、情感、个性、才能与创富的欲望相吻合。

对于一些与创富的欲望相冲突的东西，你会竭尽全力去克服；对于有助于创富的东西，你会竭尽全力地去扶植。这样，经过长期努力，你便会成为一个富有者，使创富的愿望变成现实。相反，你要是创富的愿望不强烈，一遇到挫折，便会偃旗息鼓，将创富的愿望压抑下去。

保持一颗渴望成功的心，你就能获得成功。

第二章

等来的是命运，拼出来的才是人生

果断出手，莫对机会犹豫迟疑

令人筋疲力尽的并不是要做的事本身，而是事前事后患得患失的心态。一个失败者的最大特征就是顾虑再三，犹豫不决。

伟大的作家雨果说过："最擅长偷时间的小偷就是'迟疑'，它还会偷去你口袋中的金钱和成功。"虽然我们没有百分之百的把握保证每一次决定都能获得成功，但是现实的情况就是等待不如决断。所以，在机会转瞬即逝的当代社会，等待就意味着"放弃"，成功者宁愿"立即失败"，也不愿犹豫不决。SAP公司的CEO普拉特纳曾经说过这么一句话："我宁可做六个正确决定和四个错误决定，也不要犹豫等待。"

所以，获得成功的最有力的办法，是迅速做出该怎么做一件事的决定。排除一切干扰因素，而且一旦做出决定，就不要再继续犹豫不决，以免我们的决定受到影响，有的时候犹豫就意味着失去。

人生的道路上，许多机会都是转瞬即逝的。机会不会等人，如果犹豫不决，很可能会失去很多成功的机遇。

犹豫拖延的人没有必胜的信念，也不会有人信任他们。果断积极的人就不一样，他们是世界的主宰。放眼古今中外，能成大事者都是当机立断之人，他们快速做出决定，并迅速执行。

在确定圣彼得堡和莫斯科之间的铁路线时，总工程师尼古拉斯拿出了一把尺子，在起点和终点之间画了一条直线，然后用不容辩驳的语气斩钉截铁地宣布："你们必须这样铺设铁路。"于是，铁路线就这样轻而易举地确定了。

综观历史，成功者比别人果断，比别人迅速，较别人敢于冒险。因此，能把握更多的机会，所以往往成为成功者。实际上，一个人如果总是优柔寡断，犹豫不决，或者总在毫无意义地思考自己的选择，一旦有了新的情况就轻易改变自己的决定，这样的人成就不了任何事，只能羡慕别人的成功，在后悔中度过一生！

与其等待机会，不如创造机会

诺贝尔的一生和炸药紧密相连，炸药带给他欢乐，也带给他痛苦，带给他责骂，也带给他赞扬。

诺贝尔的父亲就是一个炸药爱好者，很小的时候，诺贝尔就看见父亲研究炸药。当时正是采矿业发展的时期，对性能稳定的炸药需求旺盛，诺贝尔决定改进炸药生产，建造了世界上第一个硝化甘油工厂。

但这并不是故事的结尾。世界各国买了他制造的硝化甘油，经常发生爆炸事故：美国的一列火车，因炸药爆炸，成了一堆废铁；德国的一家工厂，因炸药爆炸，厂房和附近民房变成一片废墟；“欧罗巴”号海轮，在大西洋上遇到大风颠簸，引起硝化甘油爆炸，船沉人亡。世界各国对硝化甘油失去信心，但诺贝尔没有灰心，而是去想办法解决硝化甘油不稳定的问题。

1867年7月14日，诺贝尔拉来火药需求商，在他们面前表演了一个重要的节目：他先在一箱安全炸药上点燃木柴，结果没有爆炸；再把一箱安全炸药从大约20米高的山崖上扔下去，结果，也没有爆炸；然后，他在石洞中装入安全炸药，用雷管引爆，结果都爆炸了。这次实验，获得了完全的成功，给参观的人留下了深刻的印象；诺贝尔的安全炸药，确实是安全的。不久，诺贝尔建立了安全炸药托拉斯，向全世界推销这种炸药。如果诺贝尔等着客户来找自己，他可能永远都在自己的小山沟中做实验，走不出实验的范畴。但是既然没有人找到他，他就把别人找过来。炸药的安全性不需要多言，通过对比就一目了然了，别人看了他的炸药，还有什么好怀疑的呢？

诺贝尔的故事适合那些自认为怀才不遇的人，当你真的有才华的时候，就要创造机会来表现自己的才华！事实上，绝大部分人的成功都是靠自己争取得来的，坐等机会的人，最终很少能遇到天时地利的时候，最后耽误的只能是自己。

机会女神只青睐那些有准备的头脑

天下没有免费的午餐，机遇总是偏爱那些有准备的人。这两句话并不矛盾，所有的机会都是公平的，但并不表示所有人把握机会的概率是相同的，有准备的人自然是概率大很多。

我们中国人做事讲究“天时、地利、人和”，充分的准备用现在的话来说，不外乎这些因素：

1.创新意识

机遇是意外的、异常的，因而用常规方法抓住机遇是很困难的，这就需要有创新意识，能不断寻求新的对策和方法。

2.判断力

在人们发现的机遇中，并不是每一个意外情况都有价值，都值得探索，都有成功的希望。这就需要准确判断，从各种机遇中抓住有希望的线索，抓住有价值、有潜在意义的线索。这一点对于确定是否进一步追究机遇所提供的线索有决定性意义。

3.观察力

具有敏锐的观察力，才能及时捕捉到看起来微不足道的偶然事件。

4.事业心

只有把自己的思想和行为与事业紧密相连的人，才有可能把机遇与发展事业、搞好工作联系起来，为了事业而刻意求索。头脑的准备，不仅是心理、意识的准备，而且还包括经验和知识的准备。因为处理机遇很难像一般事务那样有计划、有目的、有步骤，主要是凭自身的经验、知识的积累进行决策，因此你必须有丰富的经验、渊博的知识与合理的知识结构，这样，在机遇出现时，才能触类旁通，引起注意，努力思考，做出判断。现代社会竞争日趋激烈，一个机遇往往被几个人同时捕捉。在这种情况下，究竟谁能把捕捉到的机遇利用起来，这就要取决于实力的对比和竞争了。要取得随机决策的成功，机会和实力两个条件缺一不可。“机遇只偏爱有准备的头脑”，这是一句早为人们所熟稔的名言，其中所包含的朴素真理一次次为实践所证实。要想牢牢抓住机遇，就为机遇的来临做好准备吧。

无限风光在险峰

并不是每一个机会都是戴着桂冠来到我们身边的，有些机遇往往披着危险面罩，这让很多只看表面的人望而却步。而那些善于思考的人，往往能变“危机”为“良机”。

据有关媒体报道，2009年经济危机的影响全面来临。与1873年、1929年的经济危机不同的是，1873年只是美国国内的经济危机，1929年则是西方国家的经济危机，而2009年，是全球性的经济危机。

危机来临，股票狂跌、市场疲软、无数企业倒闭、工人失业、大学生就业困难，人们的生活陷入了混乱之中。但是，当危机肆虐的时候，难道我们就没有应对它的法宝了吗？答案是否定的。

从“危机”一词的组合中我们可以看出·危险中往往蕴

藏着新的机会。那些善于思考的人，往往能变“危机”为“良机”。

任何危机都蕴藏着新的机会，这是一条颠扑不破的人生真理。很多时候看起来毫无价值的信息，在会思考的人心中就是一个好机会。受苦的人会把不幸当成人生的痛苦，而积极向上的人总是能把苦难当成自己飞得更高的财富。

挑战自我，多给自己一个机会

彼得和查理一起进入一家快餐店，当上了服务员。他俩的年龄一样，也拿着同样的薪水，可是工作时间不长，彼得就得到了老板的褒奖，很快被加薪，而查理仍然在原地踏步。面对查理和周围人士的牢骚与不解，老板让他们站在一旁，看看彼得是如何完成服务工作的。在冷饮柜台前，顾客走过来要一杯麦乳混合饮料。

彼得微笑着对顾客说：“先生，你愿意在饮料中加入一个还是两个鸡蛋呢？”

顾客说：“哦，一个就够了。”

这样快餐店就多卖出一个鸡蛋。在麦乳饮料中加一个鸡蛋通常是要额外收钱的。

看完彼得的工作后，经理说道：“据我观察，我们大多数服务员是这样提问的：‘先生，你愿意在你的饮料中加一个鸡蛋吗？’而这时顾客的回答通常是：‘哦，不，谢谢。’对于一个能够在工作中主动解决问题、主动完善自身的员工，我没有理由不给他加薪。”

其实这个道理很简单：比别人多努力一些、多思考一些，就会拥有更多的机会。

对很多人来说，每天的工作可能是一种负担、一项不得不完成的任务，他们并没有做到工作所要求的那么多、那么好。对每一个企业和老板而言，他们需要的绝不是那种仅仅遵守纪律、循规蹈矩，却缺乏热情和责任感，不够积极主动、自动自发的人。

工作需要自动自发，而那些整天抱怨工作的人，是永远都不会“把信送给加西亚”的，他们或者出发前就胆怯了；或者遇到苦难而中途放弃；或者弄丢了这封重要的信，害怕惩罚而逃走；或者被敌人发现，背叛写信人。这样的人是非常狭隘的，他的人生又能有多广阔？

其实，我们每个人都可以把自己的目标当成一次“把信送给加西亚”的任务，这是一次挑战自己的机会，也是实现自我、突破自己的机会。

机遇没有彩排，只有直播

许多人坐等机会，希望好运从天而降，这些人往往难成大事。成功者积极准备，一旦机会降临，便能牢牢地把握。机遇对于每个人来说，没有彩排，只有直播，你没有把握住的话，只能等着自己出丑。

当机遇到来时，如果你没有提前为机会做好准备，就会将它习惯性地丢掉，与它失之交臂。这样说来，其实生活中不是机遇少，只是我们对机遇视而不见。

这就和许多发明创造一样，看起来是偶然，其实那些发现和发明并非偶然得来的，更不是什么灵机一动或运气极佳。事实上，在大多数情形下，这些在常人看来纯属偶然的事件，不过是从事该项研究的人长期苦思冥想的结果。

所罗门说过："智者的眼睛长在头上，而愚者的眼睛是长在脊背上的。"心灵比眼睛看到的东西更多。有些人走上成功之路，不乏来自于偶然的机遇。然而就他们本身来说，他们确实具备了获得成功机遇的才能，所以在机遇到来时才能抓住。

好运气更偏爱那些努力工作的人。没有充分的准备和大量的汗水，机会就会眼睁睁地从身边溜走。对于机遇，它意味着需要你忍受无法忍受的艰苦和穷困，以及献身工作的漫漫长夜。只有为所从事的工作有充分的准备时，机会才会来临。

拿破仑·希尔说过，任何人只要能够定下一个明确的目标，坚守这个目标，时时刻刻把这个目标记在心中，再坚持行动，那么，必然会获得意想不到的结果。

在日常生活中，常常会发生各种各样的事，有些事使人大吃一惊，有些事却毫无惊人之处。一般而言，使人大吃一惊的事会使人倍加关注，而平淡无奇的事往往不被人所注意，但它却可能包含着重要的意义。一个有敏锐洞察力的人，他会独具慧眼，留心周围小事的重要意义。人们也不能把目光完全局限于"小事"上，而是要"小中见大""见微知著"。只有这样，才能有更多发现机遇的机会。

我们应当随时为机遇做好热身，努力向着自己的目标奋斗，为目标准备，才能够在机会来临的时候大显身手，否则在机会来临的时候自己手忙脚乱，或者不知所措，只能让机会白白地从身边溜走。人不能躺在那里等待机遇，只有事先做好充分的准备，在机遇来临时才有可能抓住机遇，获得成功。

躺着思想，不如站起来行动

成功地将一个好主意付诸实践，比在家里空想出一千个好主意要有价值得多。没有行动，再远大的目标只是目标，再完美的设想也仅仅是设想，要想使其变为现实，必须付出行动。

临渊羡鱼，不如退而结网。与其羡慕幻想，不如马上行动。有条件不做等于没有条件，没有条件可以在做的过程中创造条件。想法只有化作行动，才有达成愿望的可能，否则想法永远是想法。

想到了就去做，人的潜能是无法预测的。只要有了好的想法，然后立即行动，相信谁都可以成功，关键看你是否将想法付诸行动，是否能走出空想阶段。

我们并不能在行动之前把所有可能遇到的问题统统消除，但是我们可以在行动中克服各种困难。

正因为有不少人总想着等到有百分之百的把握了才行动，反而陷入了行动前的永远等待中。有的人甚至连一个小小的愿望都要等到所有条件都满足后才开始行动。你不可能等到所有条件都成熟后再行动。如果是那样，恐怕也就错过最佳的时机了。

正因为如此，很多人一辈子干不成一件事情，永远处于等待中。只有那些想到就马上动起来的人，才是真正能改变现状的人。

“想到就去做”这好像是一句广告词。说起来，人人皆知，可又有几个人能真的“想到就去做”呢？

没有行动，再远大的目标只是目标，再完美的设想也仅仅是设想，要想使其变为现实，必须付出行动。

行动才是最终决定力量，无论你的计划多么详尽、语言多么动听，你不开始行动，就永远无法达到目标。在一生中，我们有着种种计划，若能够将一切憧憬都抓住，将一切计划都执行，那么，事业上所取得的成就将是多么伟大！

敢于冒险的人生有无限可能

其实人世间好多事情，只要敢做，多少会有收获。尤其是在困境中，如果能拿出视死如归的勇气，勇于行动，必能化险为夷，任何困难都将迎刃而解。

生活中，是什么让你藏在人群之中，忍受着对成功之水的渴望？是对未知的恐惧，害怕潜藏的危险？还是你安于平庸的生活，放弃了追求？大多数人只肯远远地看着别人成功，自己却忍受干渴的煎熬。不要让恐惧阻挡你的前进，不要等待别人推动你前进。只有勇于冒险的人才可能成功。要知道，成就和风险是成正比的。世界上很少有报酬丰厚却不要承担任何责任的便宜事。怕担风险，只会让自己和成功无缘。

勇气是人生的发动机，勇气能创造奇迹，勇气能战胜一切困难。试想，如果我们事事都能拿出破釜沉舟的勇气和决心，那么世间还有什么困难可言！

吃得苦中苦，方为人上人

可以这样说，人生的痛苦永远多于快乐。一个人的降生就意味着痛苦的开始，而一个人生命的结束，则是痛苦的终结。人的一生，就是不断地与痛苦抗争的过程。人生的意义，就在于从与痛苦的抗争中寻找少许的欢乐。

现在，很多人活得很累，过得也不快乐。其实，人只要生活在这个世界上，就有很多烦恼。痛苦或是快乐，取决于你的内心。人不是战胜痛苦的强者，便是屈服于痛苦的弱者。再重的担子，笑着也是挑，哭着也是挑。再不顺的生活，微笑着撑过去了，就是胜利。

人生若没有苦难，我们会骄傲；没有挫折，成功不再有喜悦，更得不到成就感；没有沧桑，我们不会有同情心。因此，不要幻想生活总是那么圆满，生活的四季不可能只有春天。每个人的一生都注定要跋涉沟沟坎坎，品尝苦涩与无奈，经历挫折和失意。对于每个人来说，痛苦，都是人生必须经历的一课。

因此，在漫长的人生旅途中，苦难并不可怕，受挫折也无须忧伤。只要心中的信念没有萎缩，你的人生旅途就不会中断。艰难险阻是人生对你的另一种形式的馈赠，坑坑洼洼也是对你的意志的磨炼和考验——大海如果缺少了汹涌的巨浪，就会失去其雄浑；沙漠如果缺少了狂舞的飞沙，就会失去其壮观；如果维纳斯没有断臂，那么就不会因为残缺美而闻名天下。生活如果都是两点一线般地顺利，就会如白开水一样平淡无味。只有酸甜苦辣咸五味俱全才是生活的全部，只有悲喜哀痛七情六欲全部经历才算是完整的人生……

所以，你要从现在开始，微笑着面对生活，不要抱怨生活给了你太多的磨难，不要抱怨生活中有太多的曲折，更不要抱怨生活中存在的不公。当你走过世间的繁华与喧嚣，阅尽世事，你会明白：痛苦，是人生必须经历的过程！

第三章

你只需努力，剩下的交给时光

你只需努力，剩下的交给时光

你的困难、挫折、失败，其他人同样可能遇到，而其他人遇到的更大的困难、挫折、失败，你却没有遇到，你绝对不比其他人更不幸。不要因为没有鞋子而哭泣，看看那些没有脚的人吧！绝对不要把自己想象成最不幸的，否则，你就真正成了最不幸的人。要知道，没有什么困难能够打垮你，唯一能够打垮你的就是你自己，那就是你把自己看作是最不幸的。

许多人常常认为自己是最不幸的、最苦的人，实际上许多人比你的苦难还要大，还要苦，大小苦难都是生活所必须经历的。苦难再大也不能丧失生活的信心与勇气。与许多伟大的人物所遭受的苦难相比，我们个人所遭到的困难又算得了什么。名人之所以成为名人，大都是由于他们在人生的道路上能够承受住一般人所无法承受的种种磨难。他们面对事业上的不顺、情场上的失意、身体上的疾病、家庭生活中的困苦与不幸，以及各种心怀恶意的小人的诽谤与陷害，没有沮丧，没有退缩，而是咬紧牙关，擦净那饱受创伤的心所流出的殷红的鲜血和悲愤的泪水，奋力抗争，不懈地拼搏，用自己惊人的毅力和不屈的奋斗精神，为人类的文明和社会的进步做出了卓越的贡献，从而成为风靡世界的名人。

人生需要的不是抱怨、自怜，而是扎扎实实、艰苦地奋斗。人是为幸福而活着的，为了幸福，苦难是完全可以接受的。

人生的苦难与幸福是分不开的。人类的幸福是人类通过长期不懈的努力而逐步得到的，这其中要经历各种苦难，这正像人们常讲的，幸福是由血汗造就的。有些人太单纯、太简单了，他们只要幸福而不要苦难。切记，拒绝苦难的人，就不可能拥有幸福。

把工作当作幸福和快乐的源泉

你要是在生活中找不到快乐，就绝不可能在任何地方找到它。寻找生活中的乐趣，可以将你的心思从忧虑上移开，让你的生活变得更加简单和舒适，甚至可以给你带来意外的惊喜。即使不这样，也可以把疲劳减至最少，并帮你享受自己的闲暇时光。

人生最大的价值，就是体会生活的乐趣。爱迪生说："在我的一生中，从未感觉是在工作，一切都是对我的安慰……"然而，在职场中，对自己所从事的事业充满热情的人并不是太多，他们看不到生活的乐趣，只看到了生活中痛苦的一面。早上一醒来，头脑里想的第一件事就是：痛苦的一天又开始了……磨磨蹭蹭地挪到公司以后，无精打采地开始一天的工作，好不容易熬到下班，立刻又高兴起来，和朋友花天酒地之时总不忘诉说自己的工作有多乏味，有多无聊。如此周而复始，心情又怎会好起来呢？

工作是一个人幸福和快乐的源泉。卡尔文·库基说过："真正的快乐不是无忧无虑，不只是享受，这样的快乐是短暂的。缺少一份充满魅力的工作，你就无法领略到真正的快乐和幸福。"然而，现实中能领略到工作中的幸福和快乐的人却寥寥无几。

工作是一个人价值的体现，应该是一种幸福的差事，我们有什么理由把它当作苦役呢？有些人抱怨工作本身太枯燥，然而，问题往往不是出在工作上，而是出在我们自己身上。如果你能够积极地对待自己的工作，并努力从工作中发掘出自身的价值，你就会像上文中的老太太一样，发现工作是一件非做不可的乐事，而不是一种惹人烦恼的苦役。

每天努力工作，为自己也为他人栽种希望，培育幸福。我们从事的工作可能简单而普通，但可以为我们带来无尽的快乐和价值感。

曾经在美国费城的大楼上立起第一根避雷针、有着"第二个普罗米修斯"之称的富兰克林，说过这样一句话："我读书多，骑马少，做别人的事多，做自己的事少。最终的时刻终将来临，到那时我但愿听到这样的话'他活着对大家有益'，而不是'他死时很富有’。”

当你竭尽全力，付出的努力自会主持公道

不论你的出身如何，不论别人是否看得起你，首先你就要自己看得起自己。只有相信自己的价值，才能保持奋发向上的劲头。

人类有一样东西是不能选择的，那就是每个人的出身。在现实生活中，我们常常遇到这样一群人，他们以自己穷困的出身来判定自己未来的生活道路，他们因自己角色的卑微而用微弱的声音与世界对话，他们总是因暂时的生活窘迫而放弃了儿时的绮丽梦想，他们还因为自己的其貌不扬而低下了充满智慧的头颅。

难道一个人出身不好就注定人生会永远艰难下去吗？难道命运不是掌握在自己手中吗？所以，如果你出身卑微，那么努力奋斗吧！

一个人不能选择自己的出身，但可以选择自己的道路。只要踏上正确的人生之路，并能义无反顾地勇往直前，就一定能创建一番辉煌的业绩。

上天一定会青睐那些从黑暗中走出来的人——他们有着坚强的生存意识、果敢的斗志、不屈的傲骨和出众的天赋。他们必将会在某个有价值的领域脱颖而出。请相信命运的公正吧！一个人只要知道自己将到哪里去，那么全世界都会给他让路。

如果不得不跪在地上，那我们就用双膝奔跑

成长其实就是不断战胜挫折的一个过程。经历过挫折的生命，便是那绚丽无比的彩虹。

年轻时苦一点儿，受一点儿挫折，没关系，它只会让人多一点儿阅历，长一点儿见识，并因此而坚强起来，因此而获取成功。

在生活中，挫折是不可避免的。但是，只要我们正确地看待挫折，敢于面对挫折，在挫折面前无所畏惧，克服自身的缺点，在困难面前不低头，那么，顽强的精神力量就可以征服一切。不是吗？曾任美国总统的林肯一生中就遭遇过无数次失败和打击，然而他英勇卓绝，败而不馁，不正是因为这惊人的顽强毅力才使他走上光辉大道吗？

不经历风雨，怎能见彩虹。的确，人生需要挫折。当挫折向你微笑，此刻你就会明白：挫折孕育着成功。

在我们实现梦想的路途中，也会不可避免地遭遇到种种挫折，让我们用执着为自己导航，坚定地树起乘风破浪的风帆，坚信终有一天成功的海岸线会在我们眼里出现。

挫折是可怕的，但却是人生，是成长不可缺少的基石。

挫折是会给人带来伤害，但它还给我们带来了成长的经验。被开水烫过的小孩子是绝不会再将稚嫩的小手伸进开水里的。即使他再顽皮，他也会记得开水带来的伤痛。被刀子割破了手指的小孩子是绝不会再肆无忌惮地拿着刀子玩耍的，因为他知道刀子

很危险。孩子们经历了挫折，但他们换来了成长的经验。这不正是我们所说的“坏事变好事”吗?

有位名人说过：“勇者视挫折为走向成功的阶梯，弱者视之为绊脚石。”上天之所以要制造这么多的挫折，就是为了让你在挫折中成长。当你战胜种种挫折，蓦然回首时，你就会惊喜地发现，你成熟了。

你必须很努力，才能看起来毫不费力

勤奋能塑造卓越的伟人，也能创造最好的自己。大凡有作为的人，无一不与勤奋有着深厚的缘分。

古人说得好：“一勤天下无难事。”勤奋能塑造卓越的伟人，也能创造最好的自己。爱因斯坦曾经说过：“在天才和勤奋之间，我毫不迟疑地选择勤奋，她几乎是世界上一切成就的催化剂。”高尔基还有这么一句话：“天才出于勤奋。”卡莱尔更激励我们说：“天才就是无止境刻苦勤奋的能力。”

大凡有作为的人，无一不与勤奋有着深厚的缘分。古今中外著名的思想家、科学家、艺术家，他们无不是勤奋耕作走向成功的典型。

天才出自于勤奋，伟大来自于平凡的努力，没有人能随随便便成功。没有细致耐心的勤奋工作，也不会有大的成就。

所谓勤，就是要人们善于珍惜时间，勤于学习，勤于思考，勤于探索，勤于实践，勤于总结。看古今中外，凡有建树者，在其历史的每一页上，无不都用辛勤的汗水写着一个闪光的大字——勤。

记得有人说过：“天才之所以能成为天才，只不过是因为他们比一般人更专注更勤奋罢了。”的确，没有人能只依靠天分成功。上天只能给人天分，只有勤奋才能将天分变为天才。

任何一项成就的取得，都是与勤奋分不开的，古今中外，概莫能外。伟大的成功和辛勤的劳动是成正比的，有一分劳动就有一分收获，日积月累，从少到多，奇迹就可以创造出来。

无论多么美好的东西，人们只有付出相应的劳动和汗水，才能懂得这美好的东西是多么来之不易，因而愈加珍惜它。这样，人们才能从这种“拥有”中享受到快乐和幸福。

如果能试着按下面的方法去做，你就能变得勤奋，你的努力也会更加有效：

（1）要做一些自己喜欢的事情；学会自己做决定，哪怕是已定的事情也要学着自己决定一下；从小事开始，先做一些有把握成功的事情；把激发自己热情的事情记录下来；珍惜生命；鼓励自己，和热情的人在一起。

（2）会休息的人才会工作。充分休息，自我放松，培养愉快的心情。在积极的心态下行动，才能事半功倍。

（3）做一个详细具体的计划，让自己的工作有计划、有规律，然后努力把眼前的事情做好。

（4）只顾忙碌而不注重效率也不行，所以要做好时间管理，让自己的努力更有效率。

（5）绝不拖延，只有这样，才能养成今日事今日毕的好习惯。长此以往，便可拥有可贵的品质——勤奋。

青春的使命不是竞争，而是成长

生活中很多东西是难以把握的，但是成长是可以把握的。也许我们再努力也成为不了刘翔，但我们仍然能享受奔跑。可能会有人妨碍你的成功，却没人能阻止你的成长。换句话说，这一辈子你可以不成功，但是不能不成长。

人生旅途中，似乎不总是那么一帆风顺、如愿如期，总有一些或多或少的困难与挫折，家家有本难念的经！既然上天给了我们一次锻炼与考验的机会，那我们又何必那么吝啬，畏首畏尾，退避三舍呢？与其在那儿蜷缩手脚、闷闷不乐，倒不如在逆境中顽强拼搏，急流勇退。或许我们能改变现状，毕竟是“山重水复疑无路，柳暗花明又一村”，天无绝人之路。当老天为你关闭这扇窗，必定也为你打开了另一扇窗，只是你缺少睿智的眼睛。

每个人都在成长，这种成长是一个不断发展的动态过程。也许你在某种场合和时期达到了一种平衡，而平衡是短暂的，可能瞬间即逝，不断被打破。成长是无止境的，生活中很多东西是难以把握的，但是成长是可以把握的，这是对自己的承诺。

面对激烈的竞争、种种挑战和痛苦，我们唯一能做的就是迅速充实自己，成长起来，只有这样，才不会被困难和挑战击倒。

在逆境中学会成长，姑且看成是上天对我们“特别”的关怀，对我们的怜悯与施舍，我们也应做出成绩，做出榜样。在逆境中提升人格的力量，磨砺性格的力量，增强信念的力量，最后交织融合，升华自己生命的力量。

逆境不但不会把人打倒与压垮，反而能让人的潜能最大限度地迸发出来，创造出乎预料的奇迹。

允许自己犯错，学会在逆境中成长，我们的羽翼会更加丰满，便能飞向天涯海角；我们的心胸会更加宽广，便能容纳百川，吸吮万千；我们的双臂会更加结实与厚重，便能承载千山万水、艰浪险滩。

真正的强者，不是没有眼泪的人，而是含着眼泪奔跑的人

人生常常浸泡在痛与苦中。一次次心痛，一道道伤痕，一遍遍泪水，洗不去人生的尘埃，抹杀不了命运中的艰辛。何必跟自己过不去，放平自己的心，搁浅自己的梦，把希望打折，把生命烘干，学会在艰难的日子里苦中寻乐！

英国作家萨克雷有句名言：“生活是一面镜子，你对它笑，它就对你笑；你对它哭，它也对你哭。”如果你把自己看成弱者、失败者，你将郁郁寡欢；如果你将自己看成强者，你将快乐无比。你可以快乐，只要你希望自己快乐。

古人讲：“不知生，焉知死？”不知苦痛，怎能体会到快乐？痛苦就像一枚青青的橄榄，品尝后才知其甘甜。品尝橄榄容易，品尝生活中的痛苦，这需要勇气！

再大的风浪我们也要远航

如果你拥有一颗积极向上、勇于攀登的心，就能够在逆境中找到快乐。即使再大的风浪，我们也能扬帆远航。

17世纪法国启蒙哲学家卢梭曾经说过：“一个真正了解幸福的人，无论什么样的打击都无法使他潦倒。”美国小说家马克·吐温也曾说过说：“人生在世，必须善处逆境，万不可浪费时间，作无益的烦恼，最好还是平心静气地去办事，想出补救的办法来。辛勤的蜜蜂，永远没有时间悲哀。杰出的人们，会在逆境中磨砺意志，卧薪尝胆，厉兵秣马，展现非凡的人生风采。”

在现实生活中，假如你没有被逆境所吓倒，反而以乐观的态度，把它们想象成理所当然的，那么，你就极有可能把逆境变成了顺境的前奏。

而在困境中，除了乐观之外，我们还须得有征服困难的坚强意志。没有这种意志的人们常常浸泡在痛苦中。一道道伤痕，一次次心痛，一遍遍泪水，让他们自怨自怜悲叹不已，丧失了做人的斗志。

幸福来源于我们自己，不幸是命运强加给我们的。战胜命运，就是我们的幸福，没有战胜命运，就是我们的不幸。许多逆境通常是好的开始。有人在逆境中成长，也有人在逆境中跌倒，这其中的差别，就在于我们如何看待？硬是在地上赖着，爬不起来的人，注定只能继续哭泣，而能立刻站起来的人却能成就更好的自己。幸福是甘美的，如同一杯美酒，越陈越醉人，也越容易被人喝干。

而且，逆境会让人变得更深刻，顺境却容易让人变得浅薄。霍兰德说："在黑暗的土地上生长着最娇艳的花朵，那些最伟岸挺拔的树林总是在最陡峭的岩石中扎根，昂首向天。"

人生中，并不是每一次不幸都是灾难，其实，早年的逆境通常是一种幸运。与困难做斗争不仅磨炼了我们的意志，也为日后更为激烈的竞争准备了丰富的经验。

一个热爱生活的人，必定善于面对生活中的逆境。或许，对于那些经历了许多风风雨雨的人来说，可以深刻体味出其中的滋味——在风浪中起航，更能体验到快乐！

你需要奔跑的最重要理由，就是为了自己的幸福

有些人打牌，总想着等到合适的时候再出好牌，但却发现与事实屡屡不符，等到别人都出完手中的牌了，才发现自己的好牌都攥在手里，没派上用场。

一位成功学大师这样评价行动和知识：行动才是力量，知识只是潜在的能量；不积极行动，知识将毫无用处。要克服任何障碍，都离不开行动，也只有行动才能够让梦想照进现实。

只有行动才会产生结果，行动是成功的保证。任何伟大的目标、伟大的计划，最终必然要落实到行动上。不肯行动的人只是在做白日梦，这种人不是懒汉就是懦夫，他们终将一事无成。

古希腊格言讲得好："要种树，最好的时间是十年前，其次是现在。"要成为人生牌局的赢家，就应该尽早地迈出自己的第

一步。

可能每个人都会有很多的想法，有不少的想法甚至可以说是绝妙的。但是假若这些想法不去付诸实践，那它们永远也只是空想而已。不论你自己想得有多美，重要的是去做！没有人会嘲笑一个学步的婴儿，尽管他的步子趔趄、姿势难看，有时还会摔倒。

我们之所以难以将想法付诸实践，是因为当我们每一次准备搏一搏时，总有一些意外事件使我们停止，例如资金不够、经济不景气、新婴儿的诞生、对目前工作的一时留恋等种种限制以及许许多多数不完的借口，这些都成为我们拖拖拉拉的理由。我们总是想等着一切都十全十美的时候再行动，但事实总会和愿望不太相符，于是我们的计划不会有开始动手的那一天，只是变成了空想。

面对人生的众多机遇，我们看见了，也心动了，但是自己却因为各种原因或者不敢而没有付诸行动，眼看着机会从自己的身边溜走，到头来只能恨自己没有胆量。

成功在于计划，更在于行动。目标再大，如果不去落实，也永远只能是空想。所以当你心动的时候，就应当尽快地将它付诸行动，这样才能够更好地把握住机遇。

现实生活中，我们往往在心动的时候会考虑到很多因素，会想这能实现吗？会想到诸多的困难阻挠，会想到自己力量的薄弱等。但是为什么不去试试呢？没准儿一试就成功了呢。很多时候，我们缺少的是将心动变成行动的胆量。

人生就是这样，再美好的梦想，离开了行动就会变成空想；再完美的计划，离开了行动也会失去意义。我们要实现自己的理想，就应当注重行动，在行动中实现自己的梦想。

古语说得好："千里之行，始于足下。"

只有行动才能让计划成为现实，这是千年不变的真理。如果你想改变你的现状，那就赶快行动吧！

第四章

宁可做了失败，也别不做后悔

该出手时绝不犹豫

有些人不是没有成功立业的机遇，只因不善抓机遇，所以最终错失机遇。他们做人好像永远不能自主，非有人在旁扶持不可，即使遇到任何一点儿小事，也得东奔西走地去和亲友邻人商量，同时脑子里更是胡思乱想，弄得自己一刻不宁。于是愈商量、愈打不定主意，愈东猜西想、愈是糊涂，就愈弄得毫无结果，不知所终。

没有判断力的人，往往使一件事情无法开场，即使开了场，也无法进行。他们的一生，大半都消耗在没有主见的怀疑之中，即使给这种人成功的机遇，他们也永远不会达到成功的目的。

一个成功者，应该具有当机立断、把握机遇的能力。他们只要自己把事情审查清楚，计划周密，就不再怀疑，立刻勇敢果断地行事。因此任何事情只要一到他们手里，往往能够随心所欲，大获成功。在行动前，很多人提心吊胆，犹豫不决。在这种情况下，首先你要问自己："我害怕什么？为什么我总是这样犹豫不决，抓不住机会？"

在成功之路上奔跑的人，如果能在机遇来临之前就能识别它，在它消逝之前就果断采取行动占有它，这样，幸运之神就来到你的面前。

当机立断，将它抓获，以免转瞬即逝，或是日久生变。看来，握住机遇，眼力和勇气是不可缺少的。

要善于发现机会。很多的机会好像蒙尘的珍珠，让人无法一眼看清它华丽珍贵的本质。踏实的人并不是一味等待的人，要学会为机会拭去障眼的灰尘。

也要善于把握机会。没有一种机会可以让你看到未来的成败，人生的妙处也在于此。不通过拼搏得到的成功就像一开始就知道真正凶手的悬案电影般索然无味。选择一个机会，不可否认有失败的可能。将机会和自己的能力对比，合适的紧紧抓住，不合适的学会放弃。用明智的态度对待机会，也使用明智的态度对待人生。

不要为自己找借口了，诸如别人有关系、有钱，当然会成功；别人成功是因为抓住了机遇，而我没有机遇，等等。

如果一生只求平稳，从不放开自己去追逐更高的目标，从不展翅高飞，那么人生便失去了意义。

人对于改变，多多少少会有一种莫名的紧张和不安，即使是面临代表进步的改变也会这样，这就是害怕冒风险造成的。

克服犹豫不决的方法是，先“排演”一场比你要面对的更复杂的战斗。如果手上有棘手活而自己又犹豫不决，不妨挑件更难的事先做。生活挑战你的事情，你定可以用来挑战自己。这样，你就可以自己开辟一条成功之路。成功的真谛是：对自己越苛刻，生活对你越宽容；对自己越宽容，生活对你越苛刻。

只要你认准了路，确立好人生的目标，就永不回头，“该出手时就出手”，向着目标，心无旁骛地前进，相信你一定会到达成功的彼岸。

敢输才是真英雄

每个人都希望无论何时都站在适合自己的位置，说着该说的话，做着该做的事。但不经过挫折磨炼的人是不可能达到这种境界的，人总要从自己的经历中汲取营养的。所以，做人要输得起。

输不起，是人生最大的失败。

人生就犹如战场。我们都知道，战场上的胜利不在于一城一池的得失，而再于谁是最后的胜利者，人生也是如此，成功的人不应只着眼于一两次成败，而是应该不断地朝着成功的目标迈进。当然，一两次的失败确实可能使你血本无归，甚至负债累累。

最要紧的是不应该泄气，而是应该从中吸取教训，用美国股票大亨贺希哈的话讲：“不要问我能赢多少，而是问我能输得起多少。”只有输得起的人，才能不怕失败。

当然，我们不一定非要真正经历一次重大的失败，只要我们做好了认识失败的准备，“体验失败”一样能够带来刻骨铭心的教训，而那失败的起点比那些从来没有过失败经历的人要高得多，并且失败越惨痛，起点则越高。

只有惨烈地痛过一回的人，才能获得更好的、更为成功的新生。

一个人怎样才会成功，这是很难分析的。但是，我们可以分析出一点因素，那就是：输得起才赢得起，输得起才是真英雄！

负重的生命如夏花灿烂

遭遇苦难时，肩挑重担时，不妨自豪地说一句，上帝把沉重的十字架挂在我的脖子上，那是因为：我驮得动！让生命负重，其实就是让人在压力下得到锻炼，增长才干。就像船，没有负重的船会被大浪掀翻，就像心灵，没有思想的心灵会飘浮如云。

生活中人们往往容易陷入一个误区：盲目地羡慕轻松、舒适没有压力却有着高回报的工作，可是市场经济时代还有这种工作吗？也有人希望自己的一生轻松自在、愉快无忧，没有痛苦和磨难，甚至连困难也没有，可是又有谁会有这样的“幸运”呢？难道没有压力和困难的人生就是幸运的吗？

其实人的一生要负载很多东西，比如苦难，比如沉重的生活和繁重的工作。谁也不知道自己哪天会面临哪些沉重的东西，并把这些东西扛在肩上风雨兼程地向前赶路。如果有些东西注定是我们无法逃避、必须面对的，我们不妨以一种积极的态度去面对。人生什么时候起跑都不算晚，关键是不怕负重，更要进取。

微小的勇气能赢得巨大的成功

美国心理学家斯科特·派克说：不恐惧不等于有勇气；勇气使你尽管害怕，尽管痛苦，但还是继续向前走。在这个世界上，只要你真实地付出，就会发现许多门都是虚掩的！微小的勇气，能够完成无限的成就。

不卑不亢无论是对事还是对人都有一种极强的穿透力，如果你幸运与生俱来就有这种品性，那么很值得恭贺；如果你还没有养成这种性格，那么尽快培养吧，人的生命很需要它！

成功和失败之间就隔着一道虚掩的门，以小小的勇气去推开它，生活就会完全不一样。

胆识是决战人生的利器

优秀的人需要勇气，需要胆识，需要气魄，需要开拓进取，去做别人不敢做的事。这胆识是一种大智大勇，有了它我们才可以力挽狂澜。

与众不同的胆识是抓住机遇、扭转乾坤的最大财富。在危难的时候，是胆识让人坚定、明智地做出别人不敢做的决定。它不是鲁莽和自负，而是胸有成竹的胆识。有位法国哲学家曾经提出这样一个例证：假定有一匹驴子站在两堆同样大、同样远的干草之间，如果它不能决定应该先吃哪堆干草，它就会饿死在两堆干草之间。

事实上，现实生活中的驴子是绝对不会在这样的情境中饿死的，它会很快地做出决定。但是，你又不得不承认真有那么些人，在需要他们出主意、想办法、做决定的时候，却像例证中的驴子那样束手无策，窘迫得进退两难。

在人生旅途中，有许多事需要我们做出决策。

遇事当断则断，当行则行，当止则止，在复杂环境和逆境中能及时做出各种应变和决策，决不含糊和拖泥带水，这是一个能应付命运挑战的人必备的心理品质。

胆识，是理性的创造，合乎规律的举动。

胆识过人，才产生惊人的效益，开拓骄人的新局面。

勇敢地做自己的主宰

人生总是会遇到不顺的情况，很多人处于不利的困境时总期待借助别人的力量改变现状，殊不知，在这个世界上，最可靠的人不是别人，而是你自己，要知道，靠山山会倒。为何总想着依赖别人，而不是依赖自己呢？在这个世界上，你要勇敢地做你自己的主宰。

人要勇敢地做自己的主宰，因为真正能够主宰自己命运的人就是自己，当你相信自己的力量之后，你的脚步就会变得轻快，你就会离成功的目标越来越近。只有做自己的主宰，你才能充分发挥你自身的潜能。如果你还在等待别人的帮助，那就在这一刻改变吧。

从21世纪人才的竞争来看，社会对人才素质的要求是很高的，除了具备良好的身体素质和智力水平，还必须具备生存意识、竞争意识、科技意识，以及创新意识。这就要求我们从现在开始注重对自己各方面能力的培养，只有使自己成为一个全面的、高素质的人，才可能在未来的竞争中站稳脚跟，取得成功。

人若失去自我，是一种不幸；人若失去自主，则是人生最大的缺憾。赤、橙、黄、绿、蓝、靛、紫，每个人都应该有自己的一片天地和特有的亮丽色彩。

你应该果断地、毫无顾忌地向世人宣告并展示你的能力、你的风采、你的气度、你的才智。在生活的道路上，必须自己做选择，不要总是踩着别人的脚印走，不要总是听凭他人摆布，而要勇敢地驾驭自己的命运，调控自己的情感，做自己的主宰，做命运的主人。

善于驾驭自我命运的人，是最幸福的人。只有摆脱了依赖，抛弃了拐杖，具有自信、能够自主的人，才能走向成功。自立自强是走入社会的第一步，是打开成功之门的金钥匙。

真正的自助者是令人敬佩的觉悟者，他会藐视困难，而困难也会在他面前轰然倒地。

行动起来，因为只有你自己才能真正帮助自己。依赖别人，不如期待自己。

狭路相逢勇者胜

现实世界的很多斗争都是勇气的较量，常常是勇者得胜。只有具备一颗勇敢的心，我们才能发挥出超过平时双倍的力量，什么都不顾地冲向前方，甚至一鼓作气地到达终点。这就是为什么人们在危急时刻才能爆发出巨大潜力的原因。

我国宋代柳宗元的《黔之驴》中故事是这样的：

贵州本没有驴，有个喜欢多事的人用船运进一头驴来，运到之后却没有什么用途，就把它放在山脚下。一只老虎看到它是个形体高大、强壮的家伙，就把它当成神奇的东西了，隐藏在树林中偷偷观看。过了一会儿，老虎渐渐靠近它，小心翼翼，不知道它究竟是个什么东西。

有一天，驴大叫起来，老虎吓了一大跳，逃得远远的，认为驴子将要咬自己了，非常害怕。可是老虎来来回回地观察它，感到它没有什么特殊本领似的。渐渐听惯了它的叫声，又试探地靠近它，在它周围走动，但终究不敢向驴进攻。老虎又渐渐靠近驴子，进一步戏弄它，碰撞、倚靠、冲撞、冒犯它。驴禁不住发起怒来，用蹄子踢老虎。老虎因而很高兴，心里盘算着说：“它的本事不过如此罢了！”于是跳起来大声吼着，咬断驴的喉咙，吃光它的肉，然后才离开。

如果故事中的老虎被驴的叫声吓跑，再也不敢接触它，那老虎就永远不能享受这顿美餐。

道理显而易见，面对敌人一定要勇敢，你强他就弱，你弱他就强，很多时候，敌对双方的较量其实就心理上的较量。缺乏勇敢永远不会有大的成就。勇敢面对你的敌人，有时你发现其实你并不懦弱，而且还会有超出你想象的强大力量。

正如歌德老人的所说：你若失去了财产，你只失去了一点；

你若失去了荣誉，你就丢掉了许多；你若失掉了勇敢，你就把一切都失掉了！如果你想得到，一定具有勇敢地面对困难的态度。狭路相逢勇者胜，为了胜利一定要保持勇敢。

理性的勇敢才是最值得称道的勇敢

勇敢的定义只有一个，但勇敢的表现却可能多种多样。

在我们这个世界上，就勇敢而言，绝对执行命令的勇敢多而敢于抗拒执行荒唐的命令的勇敢少。这是因为权力者一般都竭力提倡、培养、制造绝对的执行这种勇敢，而对敢于抗拒自己荒唐命令的勇敢深恶而痛绝，即便他发现自己的荒唐以后，对那些敢于抗拒自己荒唐的勇敢者也决不宽恕。以致有些明明是错误的东西，是荒谬的东西，是反科学的东西，是违法违纪的东西，因为是权力者指使，因为有权力者撑腰，有的人也敢勇敢地去执行，勇敢地去做。

勇敢是一个褒义词，它所体现的是一种好品德。人们教育孩子就要做勇敢的好孩子。但勇敢确实又还有一个是与非的前提。勇敢不是盲从，不分是非的、没有理性的绝对执行命令的勇敢是一种可怕的勇敢，也是一种愚蠢的勇敢，更是一种专制者欣赏和欢迎的勇敢。而坚持真理、敢于同谬误、同荒唐、同发疯对抗的勇敢、理性的勇敢才是最值得称道的勇敢。

敢“秀”才会赢

古人所言“沉默是金”的年代，早已一去不复返，对于现代人来说，如果不懂适时地包装好自己的形象，把握机会推销自己，就很难有出人头地的机会。

我们在生活中常说沉默是金，但也不能忘了，沉默同时也是埋没天才的沙土。

或许在某种特殊的场合下，沉默谦逊确实是一种“此时无声胜有声”的制胜利器，但无论如何你也不要把它处处当作金科玉律来信奉。在人才竞争中，你要将沉默、踏实、肯干、谦逊的美德和善于表现自己结合起来，才能更好地让别人赏识你。

记住：再好的酒也怕巷子深。如果想在现代社会谋得一席之地，除了自己努力之外，还要把握机会适时展现自己的优点。

现在是一个讲究张扬自己个性的时代，尤其是身处职场上的人们，在关键时刻恰当地张扬也就是“秀”（Show）一下，不失为一个引起领导注意的好办法。

勇气在哪里，生命就在哪里

“应当惊恐的时候，是在不幸还能弥补之时；在它们不能完全弥补时，就应以勇气面对。”

当我们知道“勇气”可以代替“快乐”时，我们是幸运的，只是因为它揭示了生活中的一个事实。虽然我们失去了一些东西，但是，我们同时也有所得。即使我们没有运气，我们也可以有勇气。幸运也是变幻无常的，它会赋予一个人名声，赋予另一个人财富，并且可以毫无理由。勇气却是一个稳定而又可以依靠的朋友，只要我们信任它。

有句古老的谚语说：“生来就拥有财富还不如生来就有好运。”这句话说得也许正确，但是，如果生来就拥有勇气则会更好。财富可能会挥霍一空，好运可能会掉头而去，而勇气则会常伴你左右。

让我们用笑脸来迎接悲惨的厄运，用百倍的勇气来应付一切的不幸。勇气在哪里，成功就在哪里；勇气在哪里，生命就在哪里。

第五章

可以输给别人，但不能输给自己

你最大的敌人就是自己

每个人最大的对手就是自己。如果你能战胜自己，走出布满阴霾的昨天，你也能成为幸福的人，获得自己人生的奖赏。

驯鹿和狼之间存在着一种非常独特的关系，它们在同一个地方出生，又一同奔跑在自然环境极为恶劣的旷野上。大多数时候，它们相安无事地在同一个地方活动，狼不骚扰鹿群，驯鹿也不害怕狼。

在这看似和平安闲的时候，狼会突然向鹿群发动袭击。驯鹿惊愕而迅速地逃窜，同时又聚成一群以确保安全。狼群早已盯准了目标，在这追和逃的游戏里，会有一只狼冷不防地从斜刺里蹿出，以迅雷不及掩耳之势抓破一只驯鹿的腿。

游戏结束了，没有一只驯鹿牺牲，狼也没有得到一点儿食物。第二天，同样的一幕再次上演，依然从斜刺里冲出一只狼，依然抓伤那只已经受伤的驯鹿。

每次都是不同的狼从不同的地方蹿出来做猎手，攻击的却只是那一只鹿。可怜的驯鹿旧伤未愈又添新伤，逐渐丧失大量的血和力气，更为严重的是它逐渐丧失了反抗的意志。当它越来越虚弱，已不会对狼构成威胁时，狼便跳起而攻之，美美地饱餐一顿。

其实，狼是无法对驯鹿构成威胁的，因为身材高大的驯鹿可以一蹄把身材矮小的狼踢死或踢伤，可为什么到最后驯鹿却成了狼的腹中之食呢？

狼是绝顶聪明的，它们一次次抓伤同一只驯鹿，让那只驯鹿经过一次次的失败打击后，变得信心全无，到最后它完全崩溃了，完全忘了自己还有反抗的能力。最后，当狼群攻击它时，它放弃了抵抗。

所以，真正打败驯鹿的是它自己，它的敌人不是凶残的狼，而是自己脆弱的心灵。同样的道理，要让自己强大起来，唯一的方法就是挑战自己，战胜自己，超越自己。

每个人最大的对手就是自己。如果你能战胜自己，走出布满阴霾的昨天，你也能成为幸福的人，获得自己人生的奖赏。

咬咬牙，人生没有过不去的坎儿

往往，再多一点儿努力和坚持便收获到意想不到的成功。以前做出的种种努力、付出的艰辛，便不会白费。令人感到遗憾和悲哀的是，面对一而再再而三的失败，多数人选择了放弃，没有再给自己一次机会。

生活的意义，并不在于你是否在经受挫折和磨炼，也不在于要经受多少挫折和磨炼，而是在于忍耐和坚持不懈。经受挫折和磨炼是射击，瞄准成功的机会也是射击，但是只有经历了九十九颗子弹的铺垫，才有一枪击中靶心的结果。

只要坚持到底，就一定会成功，人生唯一的失败，就是当你选择放弃的时候。因此，当你处于困境的时候，你应该继续坚持下去，只要你所做的是对的，总有一天成功的大门将为你而开。

拿破仑曾经说过："达到目标有两个途径——势力与毅力。势力只有少数人所有，而毅力则属于那些坚韧不拔的人，它的力量会随着时间的推移而至无可抵抗。"往往，再多一点儿努力和坚持便收获到意想不到的成功。以前做出的种种努力、付出的艰辛，便不会白费。令人感到遗憾和悲哀的是，面对一而再再而三的失败，多数人选择了放弃，没有再给自己一次机会。所以，无论我们处于什么样的困境，遭遇多大的痛苦，我们都应该激励自己：离成功我只有一海里，只要熬过去就是胜利！

狠下心，绝不为自己找借口

没有人与生俱来就会表现出能与不能，是你自己决定要以何种态度去对待问题。保持一颗积极、绝不轻易放弃的心去面临各种困境，而不要让借口成为你工作中的绊脚石。

世界上最容易办到的事是什么？很简单，就是找借口。狐狸吃不到葡萄，它就找出一个借口：葡萄是酸的。我们都讥笑狐狸的可怜，但我们又不自觉地为自己找借口。

在我们日常生活中，常听到这样一些借口：上班晚了，会有“路上堵车”“闹钟坏了”的借口；考试不及格，会有“出题太偏”“题目太难”的借口。做生意赔了本有借口，工作、学习落后了也有借口……只要有心去找，借口总是有的。

久而久之，就会形成这样一种局面：每个人都努力寻找借口来掩盖自己的过失，推卸自己本应承担的责任。于是，所有的过错，你都能找到借口来承担，借口让你丧失责任心和进取心，这对于你的生活和工作都是极其不利的。

没有人与生俱来就会表现出能与不能，是你自己决定要以何种态度去对待问题。保持一颗积极、绝不轻易放弃的心去面临各种困境，而不要让借口成为你工作中的绊脚石。

做事没有任何借口。条件不足，创造条件也要上。美国成功学家拿破仑·希尔说过这样一段话：“如果你有自己系鞋带的能力，你就有上天摘星的机会！”让我们改变对借口的态度，把寻找借口的时间和精力用到努力工作中来。因为工作中没有借口，失败没有借口，成功也不属于那些找借口的人！

一万个叹息抵不上一个真正的开始。不怕晚开始，就怕不开始。没有第一步，就不会有万里长征；没有播种，就不会有收获；没有开始，就不会有进步。因此，你千万不要找借口，再困难的事只要你尝试去做，也比推辞不做要强。

不经历风雨，怎能见彩虹

“不经历风雨，怎能见彩虹”，任何一次成功的获得都要经过艰辛的奋斗和痛苦的磨炼，才能拥有。

在我们的生命中，有时候我们必须做出艰难的决定，然后才能获得重生。我们必须把旧的习惯、旧的传统抛弃，使我们可以重新飞翔。只要我们愿意放下旧的包袱，愿意学习新的技能，我们就能发挥我们的潜能，创造新的未来。

漫漫人生，人在旅途，难免会遇到荆棘和坎坷，但风雨过后，一定会有美丽的彩虹。任何时候都要抱有乐观的心态，任何时候都不要丧失信心和希望。失败不是生活的全部，挫折只是人生的插曲。虽然机遇总是飘忽不定，但朋友，只要你坚持，只要你乐观，你就能永远拥有希望，走向幸福。

从现在起，感谢折磨你的人吧

人不能总停留在原地，而是要努力向前。感谢折磨你的人，你将得到更迅捷的发展速度。

对于生活中的各种折磨，我们应时时心存感激。只有这样，我们才会常常有一种幸福的感觉，纷繁芜杂的世界才会变得鲜活、温馨和动人。一朵美丽的花，如果你不能以一种美好的心情去欣赏它，它在你的心中和眼里也就永远娇艳妩媚不起来，而如同你的心情一般灰暗和没有生机。只有心存感激，我们才会把折磨放在背后，珍视他人的爱心，才会享受生活的美好，才会发现世界原本有很多温情。心存感激，是一种人格的升华，是一种美好的人性。只有心存感激，我们才会热爱生活，珍惜生命，以平和的心态去努力地工作与学习，使自己成为一个有益于社会的人。心存感激，我们的生活就会洋溢着更多的欢笑和阳光，世界在我们眼里就会更加美丽动人。从今天开始，感谢折磨你的人吧！

战胜自己的人，才配得上最棒的奖赏

虽然屡遭痛苦，却能够百折不挠地挺住，这就是成功的秘密。所以，你一定要学会坚强。有了坚强，才有了面对一切痛苦和挫折的能力。

人生是一场面对种种困难的“漫长战役”。早一些让自己懂得痛苦和困难是人生平常的“待遇”，当挫折到来时，应该面对，而不是逃避，这样，你才能早一些坚强起来，成熟起来。以后的人生便会少一些悲哀气氛，多一些壮丽色彩。记住，只有顽强的人生才美丽，才精彩。

苏联作家奥斯特洛夫斯基在双眼失明的情况下，通过向人口授内容，完成了长篇小说《钢铁是怎样炼成的》；美国女作家海伦·凯勒自幼双目失明，在沙利文老师的教导下学会了盲文，长大后成长为一名社会活动家，积极到世界各地演讲，宣传助残，并完成了《假如给我三天光明》等14部著作；当代著名女作家张海迪5岁因为意外事故造成高位截瘫，但仍坚持自学小学到大学课程，并精通多国语言……

虽然屡遭痛苦，却能够百折不挠地挺住，这就是成功的秘密。所以，你一定要学会坚强。有了坚强，才有了面对一切痛苦和挫折的能力。

多一分磨砺，多一分强大

每个人都有梦想，也曾为之而努力过、奋斗过，但是很多人却因为没有一颗坚强的心和持之以恒的毅力，只能给自己的人生留下深深的遗憾。所以，我们要想成就一番事业，要想实现自己的梦想和追求，就必须努力为自己打造一颗坚强的心。

一个失意的年轻人，向哲人请教成功的秘诀。哲人递给他一颗花生说："用力搓它。"年轻人用力一搓，花生的壳碎了，剩下了花生仁。然后哲人叫他再搓搓它，结果红色的花生衣也被搓掉了，只剩下白白的果肉。哲人叫他再用力搓，年轻人迷惑不解，但还是照着做了。

可是，无论他如何用力，却怎么也捏不碎这粒花生仁。哲人还是叫他再搓搓它，结果仍然是徒劳无功。

最后，哲人语重心长地告诫年轻人："虽然屡受打击和磨难，失去了很多东西，但始终都要拥有一颗坚强不屈的心，这样才有美梦成真的希望。"

对于一个人来说，最有用的财富不是金钱名利，也不是人际资源，而是一颗坚强的心。

每个人的心中都有一个梦想和追求，也曾为之而努力过、奋斗过，但是很多人却因为没有一颗坚强的心和持之以恒的毅力，便半途而废，只能给自己的人生留下深深的遗憾。所以，我们要想成就一番事业，要想实现自己的梦想和追求，就必须努力为自己打造一颗坚强的心。不管通向成功的道路是阳光灿烂，还是风雨兼程，我们都要始终保持这颗坚强的心，不得有半点儿的懈怠和屈服。相信吧，阳光总在风雨后，经历了风风雨雨、大风大浪、坎坎坷坷之后，再回味自己来之不易的成功的时候，那一定是人世间最幸福的时刻。

PMA黄金定律：能飞多高，由自己决定

PMA黄金定律是积极心态的缩写——Positive Mental Attitude。它是成功学大师拿破仑·希尔数十年研究中最重要的发现，他认为造成人与人之间成功与失败的巨大反差，心态起了很大的作用。

积极的心态是人人可以学到的，无论他原来的处境、气质与智力怎样。

拿破仑·希尔还认为，我们每个人都佩戴着隐形护身符，护身符的一面刻着PMA（积极的心态），一面刻着NMA（消极的心态）。PMA可以创造成功、快乐，使人到达辉煌的人生顶峰；而NMA则使人终生陷在悲观沮丧的谷底，即使爬到巅峰，也会被它拖下来。因为这个世界上没有任何人能够改变你，只有你能改变你自己；没有任何人能够打败你，能打败你的也只有你自己。

很多人都认为自己的境况归于外界的因素，认为是环境决定

了他们的人生位置，这些人常说他们的想法无法改变。但是，我们的境况不是周围环境造成的。说到底，如何看待人生，由我们自己决定。

纳粹集中营的一位幸存者维克托·弗兰克尔说过：“在任何特定的环境中，人们还有一种最后自由，就是选择自己的态度。”

只要人活在这个世界上，各种问题、矛盾和困难就不可能避免，拥有积极心态的人能以乐观进取的精神去积极应对，而被消极心态支配的人则悲观颓废，他们在逃避问题和困难的同时也逃避了人生的责任。

对于PMA的阐述，拿破仑·希尔是这样认为的：

1.言行举止像希望成为的人

许多人总是要等到自己有了一种积极的感受再去付诸行动，这些人在本末倒置。心态是紧跟行动的，如果一个人从一种消极的心态开始，等待着感觉把自己带向行动，那他就永远成不了他想做的积极心态者。

2.要心怀必胜、积极的想法

谁想收获成功的人生，谁就要当个好“农民”。我们绝不能播下几粒积极乐观的种子，然后指望不劳而获，我们必须不断给这些种子浇水，给幼苗培土施肥。要是疏忽这些，消极心态的野草就会丛生，夺去土壤的养分，甚至让庄稼枯死。

3.用美好的感觉、信心和目标去影响别人

随着你的行动与心态日渐积极，你就会慢慢获得一种美满人生的感觉，信心日增，人生中的目标感也越来越强烈。紧接着，别人会被你吸引，因为人们总是喜欢和积极乐观者在一起。

4.使你遇到的每一个人都感到自己很重要、被需要

每一个人都有一种欲望，即感觉到自己的重要性，以及别人对他的需要与感激，这是普通人的自我意识的核心。如果你能满足别人心中的这一欲望，他们就会对你抱有积极的态度。

5.心存感激

如果你常流泪，你就看不到星光，对人生、对大自然的一切美好的东西，我们要心存感激，人生就会显得美好许多。

6.学会称赞别人

在人与人的交往中，适当地赞美对方，会增加和谐、温暖和美好的感情。你存在的价值也就会被肯定，使你得到一种成就感。

7.学会微笑

面对一个微笑的人，你会感应到他的自信、友好，同时这种自信和友好也会感染你，使你的自信和友好也油然而生，使你和对方亲近起来。

8.到处寻找最佳新观念

有些人认为，只有天才才会有好主意。事实上，要找到好主意，靠的是态度，而不全是能力。一个思想开放、有创造性的人，哪里有好主意，就往哪里去。

9.放弃鸡毛蒜皮的小事

有积极心态的人不把时间和精力花费在小事上，因为小事使他们偏离主要目标和重要事项。

10.培养一种奉献的精神

曾任通用面粉公司董事长的哈里·布利斯曾这样忠告属下的推销员："谁尽力帮助其他人活得更愉快、更潇洒，谁就达到了推销术的最高境界。"

11.自信能做好想做的事

永远也不要消极地认定什么事情是不可能的，首先你要认为你能，再去尝试，不断尝试，最后你就会发现你确实能。

拒做呻吟的海鸥，勇做积极的海燕

相信，很多读者都对苏联著名作家高尔基所著的《海燕》一文有着深刻的印象：

在苍茫的大海上，狂风卷着乌云。在乌云和大海之间，海燕像黑色的闪电，在高傲地飞翔。一会儿翅膀碰着波浪，一会儿箭一般地直冲向乌云，它叫喊着——就在这鸟儿勇敢的叫喊声里，乌云听出了欢乐。海鸥在暴风雨来临之前呻吟着——呻吟着，它们在大海上飞蹿，想把自己对暴风雨的恐惧，掩藏到大海深处。

海鸥还在呻吟着——它们这些海鸥啊，享受不了生活的战斗的欢乐，轰隆隆的雷声就把它们吓坏了。

蠢笨的企鹅，胆怯地把肥胖的身体躲藏在悬崖底下……

只有那高傲的海燕，勇敢地、自由自在地，在泛起白沫的大海上飞翔……

而人类，也有海燕、海鸥、企鹅等类型。有人在困境的打击下，像海燕一样无所畏惧，积极地奋起抗争；有的人在困境的打击下，只会独自呻吟，丧失了一切勇气；有的人在困境的打击下，蜷缩在角落里，不敢去面对外面的一切……面对困境，像海燕一样积极搏击，还是一味地“独自呻吟”“蜷缩在角落里”，决定了你的人生境遇。

所以不管遇到什么困难，我们都要做积极勇敢的海燕，不做呻吟的海鸥。

纵使平凡，也不要平庸

平凡与平庸是两种截然不同的生活状态：前者如一颗使用中的螺丝钉，虽不起眼，却真真切切地发挥作用，实现价值；后者就像废弃的钉子，身处机器运转之外，无心也无力参与机器的运作。

平凡者纵使渺小却挖掘着自己生命的全部能量，平庸者却甘居无人发现的角落不肯露头。虽无惊天伟绩但物尽其用、人尽其能，这叫平凡；有能力发挥却自掩才华，自甘埋没，这叫平庸。

世间生命多种多样，有天上飞的，有水中游的，有陆上爬的，有山中走的；所有生命，都在时间与空间之流中兜兜转转。生命，总以其多彩多姿的形态展现着各自的意义和价值。

“生命的价值，是以一己之生命，带动无限生命的奋起、活跃。”智慧禅光在众生头顶照耀，生命在闪光中见出灿烂，在平凡中见出真实。所以，所有的生命都应该得到祝福。

“若生命是一朵花就应自然地开放，散发一缕芬芳于人间；若生命是一棵草就应自然地生长，不因是一棵草而自卑自叹；若生命好比一只蝶，何不翩翩飞舞？”芸芸众生，既不是翻江倒海的蛟龙，也不是称霸林中的雄狮，我们在苦海里颠簸，在丛林中避险，平凡得像是海中的一滴水、林中的一片叶。海滩上，这一粒沙与那一粒沙的区别你可能看出？旷野里，这一堆黄土和那一堆黄土的差异你是否能道明？

每个生命都很平凡，但每个生命都不卑微，所以，真正的智者不会让自己的生命陨落在无休无止的自怨自艾中，也不会甘于身心的平庸。

有人说：“平凡的人虽然不一定能成就一番惊天动地的大事业，但对他自己而言，能在生命过程中把自己点燃，即使自己是根小火柴，只能发出微微星火也就足够了；平庸的人也许是一大捆火药，但他没有找到自己的引线，在忙忙碌碌中消沉下去，变成了一堆哑药。”

也许你只是一朵残缺的花，只是一片熬过旱季的叶子，或是一张简单的纸、一块无奇的布，也许你只是时间长河中一个匆匆而逝的过客，不会吸引人们半点儿的目光和惊叹，但只要你拥有积极的心态，并将自己的长处发挥到极致，就会成为成功驾驭生活的勇士。

把自己“逼”上巅峰

把自己“逼”上巅峰，首先要给自己一片没有后路的悬崖，这样才能发挥出自己最大的能力，力挽狂澜的秘密就在于此。

中国有句成语叫“背水一战”。它的意思是背靠江河作战，没有退路，我们常常用它来比喻决一死战。背水一战，其实就是把自己的后路斩断，以此将自己逼上“巅峰”。所以在生活中，当我们遇到困难与绝境时，我们也应该如兵法中所说那样“置之死地而后生”，要有背水一战的勇气与决心，这样才能发挥自己最大的能力，将自己逼上生命的巅峰。在这种情况下，往往事情会出现极大的转机。

给自己一片没有退路的悬崖，把自己“逼”上巅峰，从某种意义上说，是给自己一个向生命高地冲锋的机会。如果我们想改变自己的现状，改变自己的命运，那么首先应该改变自己的心态。只要有背水一战的勇气与决心，我们一定能突破重重障碍，走出绝境。

所以我们要保持这样的心态，在使自己处于不断积极进取的状态时，就能形成自信、自爱、坚强等品质，这些品质可以让你的能力源源涌出。你若是想改变自己的处境，那么就改变自己身心所处的状态，勇敢地向命运挑战。一旦你决心背水一战，拼死一搏，你便可以把你蕴藏的无限潜能充分发挥出来，让自己创造奇迹，做出令人瞩目的成绩，登上命运的巅峰。

另起一行也算第一

有一个小女孩，相貌平平，学习成绩也一般。大家平日里都不太注意她，但她脸上总有阳光般的笑容。

朋友问她开心的秘密，她轻轻地说：“我知道自己很平凡，可是我每一天都努力第一个走进教室，坐下来念书。我心里也有第一名的骄傲。”

是的，我们很普通，常常遭遇窘境，但是还有许多小径通向人生的亮丽舞台，人人都可以成为第一名。

人生中条条大路通“第一”。拿出足够的勇气和热情，相信自己，终有一天，你会惊喜地发现：另起一行，我也可以做到第一！

靠天靠地不如靠自己

世上有一种人，存在极强的依赖心理，总是依靠拐杖走路，尤其是依靠别人的拐杖走路。

有些人经常持有的一个最大谬见，就是以为他们永远会从别人不断的帮助中获益。力量是每一个志存高远者的目标，而事事依靠他人只会导致失败。

新生命的诞生是从剪断脐带开始的，人类注定只有靠自己才能获得自由。生活中最大的危险，就是依赖他人来保障自己。如果一个人依赖他人，将永远也坚强不起来，永远也不会有独创力。要么独立自主，要么埋葬雄心壮志，一辈子老老实实做个普通人。因此，一个人要变得更强更有力量，就必须甩掉依赖的拐杖。

走出依赖的围墙

雨果曾经写道：“我宁愿靠自己的力量打开我的前途，而不愿求有力者的垂青。”只要一个人是活着的，他的前途就永远取决于自己，成功与失败，都只系于自己身上。而依赖作为对生命的一种束缚，是一种寄生状态。

真实人生的风风雨雨，只有靠自己去体会、去感受，任何人都不能为你提供永远的荫庇。你应该掌握前进的方向，把握目标，让目标似灯塔般在高远处闪光；你应该独立思考，有自己的主见，懂得自己解决问题；你的品格、你的作为，你所有的一切都是你自己行为的产物，并不能靠其他什么东西来改变。

人只有依靠自己，才能配得上最高贵的东西。

第六章

扛得住，世界就是你的

我们把世界看错了，反说世界欺骗我们

在我们这个世界上，许许多多的人都认为公平合理是生活中应有的现象。我们经常听人说："这不公平!""因为我没有那样做，你也没有权利那样做。"我们整天要求公平合理，每当发现公平不存在时，心里便不高兴。应当说，要求公平并不是错误的心理，但是，如果不能获得公平，就产生一种消极的情绪，这个问题就要注意了。

生活不总是公平的，这着实让人不愉快，但确是我们不得不接受的真实处境。我们许多人所犯的一个错误便是为了自己或他人感到遗憾，认为生活应该是公平的，或者终有一天会公平。其实不然，绝对的公平现在不会有，将来也不会有。

承认生活中充满着不公平这一事实的一个好处便是能激励我们去尽己所能，而不再自我伤感。我们知道让每件事情完美并不是"生活的使命"，而是我们自己对生活的挑战，承认这一事实

也会让我们不再为他人遗憾。

每个人在成长、面对现实、做种种决定的过程中都会遇到不同的难题，每个人都有成为牺牲品或遭到不公正对待的时候，承认生活并不总是公平这一事实，并不意味着我们不必尽己所能去改善生活，去改变整个世界；恰恰相反，它正表明我们应该这样做。

当我们没有意识到或不承认生活并不公平时，我们往往怜悯他人也怜悯自己，而怜悯自然是一种于事无补的失败主义的情绪，它只能令人感觉比现在更糟。但当我们真正意识到生活并不公平时，我们会对他人也对自己怀有同情，而同情是一种由衷的情感，所到之处都会散发出充满爱意的仁慈。当你发现自己在思考世界上的种种不公正时，可要提醒自己这一基本的事实。你或许会惊奇地发现它会将你从自我怜悯中拉出来，使你采取一些具有积极意义的行动。

公平公正能够向往，但不能依赖和强求，不要把堕落的责任推诸他人，更不能自欺欺人！许多不公平的经历我们是无法逃避的，也是无从选择的，我们只能接受已经存在的事实并进行自我调整，抗拒不但能毁了自己的生活，而且还会使自己精神崩溃。因此，人在无法改变不公和不幸的厄运时，只有学会接受它、适应它才能把人生航向调转过来，才能驶往自己真正的理想目的地。

生命的百孔千疮，是残忍的慈悲

“金无足赤，人无完人。”我们每个人都不是完人，都有可能存在这样或那样的过失，谁能保证自己的一生不犯错误呢？也许只是程度不同罢了。

过分苛求完美的人常常伴随着莫大的焦虑、沮丧和压抑。事情刚开始，他们就担心失败，生怕干得不够漂亮而不安，这就妨碍了他们全力以赴地去取得成功。而一旦遭遇失败，他们就会异常灰心，想尽快从失败的境遇中逃离。他们没有从失败中获取任何教训，而只是想方设法让自己避免尴尬的场面。

很显然，背负着如此沉重的精神包袱，不用说在事业上谋求成功，在自尊心、家庭问题、人际关系等方面，也不可能取得满意的效果。他们抱着一种不正确和不合逻辑的态度对待生活和工作，他们永远无法让自己感到满足。

事实上，世界上根本就没有真正的“最大、最美”，人们要学会不对自己、他人苛求完美，对自己宽容一些，世界并不完美，人生当有不足。对于每个人来讲，不完美的生活是客观存在的，无须怨天尤人。不要再继续偏执了，给自己的心留一条退路，不要因为不完美而恨自己，不要因为自己的一时之错而埋怨自己。看看身边的朋友，他们没有一个是十全十美的。

完美往往只会成为人生的负担，人绷紧了完美的弦，它却可能发不出优美的声音来。那些爱自己、宽容自己的人，才是生活的智者。

人生有多残酷，你就该有多坚强

成就平平的人往往是善于发现困难的“天才”，他们善于在每一项任务中都看到困难。他们莫名其妙地担心前进路上的困难，这使他们勇气尽失。他们对于困难似乎有惊人的“预见”能力。一旦开始行动，他们就开始寻找困难，时时刻刻等待着困难的出现。当然，最终他们发现了困难，并且被困难击败。这些人似乎戴着一副有色眼镜，除了困难，他们什么也看不见。他们前进的路上总是充满了“如果”“但是”“或者”和“不能”。这些东西足以使他们止步不前。

一个向困难屈服的人必定会一事无成，很多人不明白这一点。一个人的成就与他战胜困难的能力成正比。他战胜越多别人所不能战胜的困难，他取得的成就也就越大。如果你足够强大，那么困难和障碍会显得微不足道；如果你很弱小，那么障碍和困难就显得难以克服。有的人虽然知道自己要追求什么，却畏惧成功道路上的困难。他们常常把一个小小的困难想象得比登天还难，一味地悲观叹息，直到失去了克服困难的机会。那些因为一点点困难就止步不前的人，与没有任何志向、抱负的庸人无异，他们终将一事无成。

成就大业的人，面对困难时从不犹豫徘徊，从不怀疑自己克服困难的能力，他们总是能紧紧抓住自己的目标。对他们来说，自己的目标是伟大而令人兴奋的，他们会向着自己的目标坚持不懈地攀登，而暂时的困难对他们来说则微不足道。伟人只关心一个问题：“这件事情可以完成吗？”而不管他将遇到多少困难。只要事情是可能的，所有的困难就都可以克服。

乐观地面对困难，多一些快乐，少一些烦恼，你会惊奇地发现，这不仅会使你的工作充满乐趣，还会让你获得幸福。你会发现，自己成了一个更优秀、更完美的人。你用充满阳光的心灵轻松地去面对困难，就能保持自己心灵的和谐。而有的人却因为这些困难而痛苦，失去了心灵的和谐。

你怎样看待周围的事物完全取决于你自己的态度。每一个人的心中都有乐观向上的力量，它使你在黑暗中看到光明，在痛苦中看到快乐。每一个人都有一个水晶镜片，可以把昏暗的光线变成七色彩虹。

如果抱怨能让你“抱”出金砖来，你就一“抱”再“抱”

在现实中，我们难免要遭遇挫折与不公正待遇，每当这时，有些人往往会产生不满，不满通常会引起牢骚，希望以此引起更多人的同情，吸引别人的注意力。从心理角度讲，这是一种正常的心理自卫行为。但这种自卫行为同时也是许多人心中的痛，牢骚、抱怨会削弱责任心，降低工作积极性，这几乎是所有人为之担心的问题。

通往成功的征途不可能一帆风顺，遭遇困难是常有的事。事业的低谷、种种的不如意让你仿佛置身于荒无人烟的沙漠，没有食物也没有水。这种漫长的、连绵不断的挫折往往比那些虽巨大但却可以速战速决的困难更难战胜。在面对这些挫折时，许多人不是积极地去找一种方法化险为夷，绝处逢生，而是一味地急躁，抱怨命运的不公平，抱怨生活给予他的太少，抱怨时运的不佳。

一个人的发展往往会受到很多因素的影响，这些因素有很多是自己无法把握的，工作不被认同、才能不被重用、职业发展受挫、上司待人不公平、别人总用有色眼镜看自己……这时，能够拯救自己出泥潭的只有自己，与其抱怨不如去改变。

把眼泪留给最疼你的人，把微笑留给伤你最深的人

一个成功的人，一个有眼光和思想的人，都会感谢折磨自己的人和事，唯有以这种态度面对人生，才能走向成功。

人生活在这个世界上，总会经历这样那样的烦心事，这些事总是会折磨人的心，使人不得安稳。尤其对于刚刚大学毕业的年轻人，他们刚在社会中立足，还未完全成长起来，却要承受社会的种种压力，比如待业、失恋、职场压力等。而且还没有摆脱学生气的他们本身就是一个脆弱的群体，往往在这些折磨面前束手无策。

其实，世间的事就是这样，如果你改变不了世界，那就要改变你自己。换一种眼光去看世界，你会发现所有的“折磨”其实都是促进你成长的“清新氧气”。

人们往往把外界的折磨看作人生中消极的、应该完全否定的东西。当然，外界的折磨不同于主动的冒险，冒险可以带来一种挑战的快感，而我们忍受折磨总是迫不得已的。但是，人生中的折磨总是完全消极的吗？清代金兰生在《格言联璧》中写道：“经一番挫折，长一番见识；容一番横逆，增一番气度。”由此可见，那些挫折和折磨对人生不但不是消极的，还是一种促进你成长的积极因素。

生命是一次次的蜕变过程。唯有经历各种各样的折磨，才能增加生命的厚度。只有通过一次又一次与各种折磨握手，历经反反复复几个回合的较量之后，人生的阅历就在这个过程中日积月累、不断丰富。

在人生的岔道口，若我们选择了一条平坦的大道，我们可能会有一个舒适而享乐的青春，但我们会失去很好的历练机会；若我们选择了坎坷的小路，我们的青春也许会充满痛苦，但人生的真谛也许因此被我们发现了。

失败和挫折，其实并不可怕，正是它们才教会我们如何寻找到经验与教训。如果一路都是坦途，那我们也只能沦为平庸。

没有经历过风霜雨雪的花朵，无论如何也结不出丰硕的果实。或许我们习惯羡慕他人所获得的成功，但是别忘了，温室的花朵注定经不起风霜的考验。正所谓“台上十分钟，台下十年功”，在光荣的背后一定会有汗水与泪水共同浇铸的艰辛。

所以，一个成功的人，一个有眼光和思想的人，都会感谢折磨自己的人和事，唯有以这种态度面对人生，才能走向成功。

一生气，你就输了

纵使人生中有再多的磨难和考验，我们也不能像一个被充满了的气球一样，“嘭”的一声，就剩下“粉身碎骨”。

气球越是鼓足了气，就越容易爆炸，人也是一样，心里存有太多气，不仅伤心也会伤身。莎士比亚说：“不要因为您的敌人燃起一把火，您就把自己烧死。”所以，当我们意识到自己的情绪波动的时候，就应该努力用理智去控制，而不要让自己的情绪随意地发泄出来。

但是，现实生活中，能够以自己的理智控制情绪的人并不多。通常情况下，我们都是在情绪的左右下生活。有时候，很多事情堆积在一起，就会让我们很生气，甚至到了理智根本无法控制的局面。这个时候，我们不妨给自己找一个“出气口”，让自己的精神得到缓解，也就不会那么生气了。

人生短短几十年，幸福和快乐尚且享受不尽，哪里还有时间去气呢？所以，我们应该学会消消气，学会控制自己的情绪。在生活中，遇到烦心事在所难免，此时，内心的郁闷、愤怒总想找个地方发泄一下，不然会感到心里憋得慌。

每个人都有不同的发泄方式，所以选择哭泣也不是什么丢脸的行为。只要我们没有做过伤害别人的事情，没有把别人当成自己的“出气筒”，那么即使满脸泪水又何妨?

不要为旧的悲伤，浪费新的眼泪

为了采集眼前将逝的花朵而花费太多的时间和精力是不值得的，道路还长，前面还有更多的花朵，吸引我们一路走下去……

我们生活在现在，面向着未来，过去的一切，都被时间之水冲得一去不复返。所以，我们没有必要念念不忘曾经的那些不愉快、那些与别人的仇怨。念念不忘，只能被它腐蚀，而变得更加憎恨和怨怼。

文学大师鲁迅笔下的祥林嫂，心爱的儿子被狼叼走后，痛苦得心如刀剜，她逢人就诉说自己儿子的不幸。起初，人们对她还寄予同情。但她一而再再而三地讲，周围的人们就开始厌烦，她自己也更加痛苦，以致麻木了。老是向别人反复讲述自己的痛苦，就会使自己久久不能忘记这些痛苦，更长久地受到痛苦的折磨。

当然，我们不是主张完全不去看它，采取逃避的态度。而是说，一方面，情感不要长久地停留在痛苦的事情上；另一方面，我们的理智应当多在挫折和坎坷上寻找突破口，力争克服它、解决它。

一个人如果学习了忘怀之道，不愉快便自然消失，代之而起的是朝气蓬勃的新生，成功将发出耀眼的光辉。有许多事情，遗忘是一种解脱，是心灵的净化，是伤口痊愈的良药。

时间宝贵，把珍贵的时间用来感伤过去，那是在浪费生命。忘记过去，生命应该有更好的价值可以实现。

生命中的痛苦是盐，它的咸淡取决于盛它的容器

我们每个人一生中总会遇到许多盐粒似的痛苦，它们在苍白的心境下泛着清冷的白光，如果你的容器有限，就和不快乐的小和尚一样，只能尝到又咸又苦的盐水。

一个人的心量有多大，他的成就就有多大，不为一己之利去争、去斗、去夺，扫除报复之心和嫉妒之念，则心胸广阔天地宽。当你能把虚空宇宙都包容在心中时，你的心量自然就能如同天空一样广大。无论荣辱悲喜、成败冷暖，只要心量放大，自然

能做到风雨不惊。

寒山曾问拾得："世间有人谤我、欺我、辱我、笑我、轻我、贱我、骗我，如何处之？"拾得答道："只要忍他、让他、避他、由他、耐他、敬他、不理他，再过几年，你且看他。"如果说生命中的痛苦是无法自控的，那么我们唯有拓宽自己的心量，才能获得人生的愉悦。通过内心的调整去适应、去承受必须经历的苦难，从苦涩中体味心量是否足够宽广，从忍耐中感悟暗夜中的成长。

心量是一个可开合的容器，当我们只顾自己的私欲，它就会愈缩愈小；当我们能站在别人的立场上考虑，它又会渐渐舒展开来。若事事斤斤计较，便把自心局限在一个很小的框框里。这种处世心态，既轻薄了自身的能力，又轻薄了自己的品格。

心量是大还是小，在于自己愿不愿意敞开。一念之差，心的格局便不一样，它可以大如宇宙，也可以小如微尘。我们的心，要和海一样，任何大江小溪都要容纳；要和云一样，任何天涯海角都愿遨游；要和山一样，任何飞禽走兽，都不排拒；要和土地一样，任何脚印车轨，都能承担。这样，我们才不会因一些小事而心绪不宁、烦躁苦闷！

第七章

没有伞的孩子，必须更努力地奔跑

有人帮你是幸运，没人帮你是正常

人生在世，独立是一生的财富。有了“自己的事自己干”的信念，你就可以真正地享受自己的生活。

江斯顿是美国前总统林肯继母的儿子，他平时不求上进，常生活无着。一次，他写信向林肯借钱，林肯很快写了一封回信。

亲爱的江斯顿：

你向我借80块钱。我觉得目前最好不要借给你。所有的问题都源于你那浪费时间的恶习，改掉这种习惯对你来说很重要，而对你的儿女则更为重要。因为，他们的人生之路还很长，在没有养成闲散的习惯之前，尚可加以制止。我建议你去工作，去找个雇人的老板，为他“卖力地”工作。为了使你的劳动获得好的酬金，我现在可以答应你，从今天起，只要你工作挣到1块钱或是偿还了1块钱的债，我就再给你1块钱。

这样的话,如果你每月挣10块钱，你可以从我这里再得到10块钱，那么你一个月就可赚20块钱。我不是说让你到圣路易或加利福尼亚州的铅矿、金矿去，而是让你在离家近的地方找个最挣钱的工作——就在柯尔斯县境内。

如果你愿意这样做，很快就能还清债务。更重要的是你会养成不再欠债的好习惯。但如果我现在帮你还了债，明年你又会负债累累。照我说的做，保证你工作四五个月后就能挣到那80元钱。

你说，如果我借给你钱，你愿意把田产抵押给我，若是将来还不清钱，田地就归我所有……胡说八道！

假如你现在有田地都无法生存，将来没有了田地又怎么能存活呢？你一向对我很好，我现在也不是对你无情无义，如果你肯采纳我的建议，你会发现，对你来说，这比8个80块钱还值！

挚爱你的哥哥亚·林肯

林肯的信，至今仍有积极意义。一个追求幸福的人，绝不可丢弃自立自强的信念。

“不可能”是机会的代名词

一个信念可以造就一段传奇，一个信念可以把常人眼中的“不可能”变为“可能”。

因为不可能，必然谁也不去关注，谁也不去攻击，谁也不去设防；再者，不可能实现的事，一般都没有竞争对手，第一个去做的人正好可以独自乘虚而入。

另外，一般人认为不可能的事，肯定是件十分困难、甚至是难以想象的事。因为太难，所以畏难；因为畏难，所以根本不去问津。不但自己不去问津，甚至认为别人也不会问津。可以说，世界上真正的大业，都是在别人认为不可能的情况下完成的。在人类一步步从过去走向未来的过程中，不可能的事，一件还没有发现。

你无须反对他人，但一定要支持自己

每一个人的一生都是自己的，走怎样的路都只能由自己决定，从没有什么圣人、高人可以帮你。幸福也是一样，每一个人对幸福都有不同的感觉，真正属于自己的幸福，只有自己能感觉得到。

依赖别人就像乞讨，这种习惯会消磨你的斗志，是阻止你步向成功的一个个绊脚石，要想成大事你必须把它们一个个踢开。

对于成大事者而言，拒绝依赖他人是对自己能力的一大考验。这就是说，依附于别人是肯定不行的，因为这是把命运交给了别人，而失去做大事的主动权。

有些人一遇到什么事，首先想到的是求人帮助；有些人不管有事没事，总喜欢跟在别人身后，以为别人能解决他的一切疑难。这样的人，就是有依赖心理的人。

一个完全健康的人的特征之一就是充分的自主性和独立性。每一个人的一生都是自己的，走怎样的路都只能由自己决定，你是你自己的圣人。

敢为天下先者胜

如果没有那些“敢为天下先”的人去进行这些创新，人们现在的好日子就会像房梁上挂烙饼——望得见，吃不着。“敢为天下先”是每一个成功者必不可少的精神，“敢为天下先”是积极进取的精神，是创新的精神；而“不敢为天下先”则是保守、被动的，实质是一种没出息的表现。

由此可见，要在竞争中成为优胜者，必须具备“敢为天下先”的精神。只有具备了这种精神，才有可能前进，才有可能发展，否则，只能永远做一个平庸者，跟在别人后头品尝苦果。

相信自己，敢为天下先，我们才能赢得事业发展的机遇。“敢为天下先”，做别人没做过的事情，确实要冒一定的风险，弄不好还要跌跟斗；然而，没有这种“敢”的勇气，天下永远是陈规陋习，何来革新、何来创造、何来发展？

在世界科技日新月异发展的今天，创新成为经济和社会发展的主导力量。创新的关键就是要勤于学习，善于思考，解放思想，敢于做前人没做过的事。自信的人，拿出新思维、新模式、新内容、新姿态为世界增添无数的新事物。

就算全世界都否定你，你也要相信自己

任何人都会成功，只要你肯定自己、相信自己一定会成功，那么你将如愿以偿。

自信与胆量密切相关，自信可以产生勇气，同样，勇气也可以产生自信，而缺乏胆量或过分的自我批判就会削弱自信。

自信是成功人生的最初的驱动力，是人生的一种积极的态度和向上的激情。

同是享用一盘水果，有的人喜欢从最小最坏的吃起，把希望放在下一颗，感觉吃过的每一颗都是盘里最坏的，这盘水果就彻头彻尾成了一盘坏水果了。相反，有的人喜欢从最好最大的吃起，那么吃下去的每一颗都是盘里的最好的，美好的感觉可以维持到最后。

这是一种奇妙的非逻辑性的感觉，充满心理错觉和心理暗示。

自信与自卑，也是如此。主动与被动仅一字之差，但生命情调却如同吃这盘水果，神情感觉相隔万里。

同是阴雨天气，自信的人在灵魂上打开一扇天窗，让阳光洒在心里，由内而外透射出来，神采奕奕精力充沛，温暖让你感觉得到；自卑的人却在灵魂上打了一排小孔，让阴雨渗进去，潮湿的霉气散发出来，她站在阴暗的边缘，一不小心都看不出来。

同是看一个人，一个比自己优秀的人。自信的人懂得欣赏，并在欣赏的过程中充实自己，相信“我可以更好”；自卑的人萌生嫉妒，并在嫉妒的过程中不断丑化对方，让自己相信“原来我看错了”。

相隔并不遥远，就像在有雾的天气里近处的一盏路灯。灯光暗淡，光影模糊，感觉很有一段距离。然而等太阳出来，云雾散去，才发现原来那盏灯就在眼前。

这个时代充斥着物欲的身影和浮躁的气息，自信在不经意间就成了一种奢侈。时下所谓的自信，多流于无知的轻率或任性的固执，或目空一切，或刚愎自用，或一意孤行。人们把目光短浅的狂妄叫作自信，却不在意其盲目。人们把阻言塞听的自负叫作自信，却不在意其狭隘。人们把掩耳盗铃的鲁莽叫作自信，却不在意其愚昧。自信仿佛成了点缀个性的奢侈之品，体现性格的装饰之物。

所以，真正的自信是一种睿智，那是胸有成竹的镇静，是虚怀若谷的坦荡，是游刃有余的从容，是处乱不惊的凛然。

自信不是初生牛犊不怕虎的意气，也不是搬弄教条经验的冥顽。自信不是孤芳自赏，不是夜郎自大，也不是毫无根据的自以为是和盲目乐观，自信的魅力在于它永远闪耀着睿智之光。它是深沉而不浅表的，是一种有着智慧、勇气、毅力支撑的强大的人格力量。

真正自信者，必有深谋远虑的周详，有当机立断的魄力，有坚定不移的矢志，有雍容大度的豁达。它蕴涵在果决刚毅的眉宇之间，是夸父追日，生生不息。它潜藏在宽阔博大的襟怀之中，是高瞻远瞩，胸怀全局。它浮现在力挽狂澜的气势之上，是审时度势，取舍自如。

乐观的态度、自信的人生，是充实而又富有的，是另一种别样的财富，这种财富只有拥有了乐观自信的人才会拥有它。

坚强的自信心是远离痛苦的唯一方法

自信的释义是：对自己恰当、适度的信心，也是心理健康的重要标志。如果你有了自信，你就是最有魅力的人。

自信是成功人生最初的驱动力，是人生的一种积极的态度和向上的激情。在我们周围，有许多人或许没有迷人的外表，或许没有骄人的年龄，但是他们拥有自信，每天都开心地面对工作和生活，给朋友的笑容永远是最灿烂的，声音永远是最甜美的，祝福也是最真诚的。他们总是给人一种赏心悦目、如沐春风的感觉，他们凭着自己的信心去过自己想要的生活，这样的人永远自信快乐。

我们可以从下面这些途径和方法中找到自己的自信。

1.挑前面的位置坐

日常生活的各种聚会中，不难发现后排的位置总是先被坐满。大部分选择后面座位的人有个共同点，就是缺乏自信。坐在前面能建立自信，把它作为一个准则试试看。当然，坐在前面会惹人注目，但是要明白，有关成功的一切都是显眼的。

2.试着当众发言

许多有才华的人却无法发挥他们的长处参与到讨论中，他们并不是不想发言，而是缺乏自信。从积极这个角度来说，尽量地发言会增强自己的信心，不论是赞扬还是批评，都要大胆地说出来，不要害怕自己的话说出来会让人嘲笑，总会有人同意你的意见，所以不要再问自己：“我应该说出来吗？”

该说的时候一定要大声说出来，提高自信心的一个强心剂就是语言能力。一个人如果可以把自己的想法清晰、明确地表达出来，那么他一定具有明确的目标和坚定的信心。

3.加快自己的走路速度

通常情况下，一个人在工作、情绪上的不愉快，可以从他松散的姿势、懒惰的眼神上看出来。心理学家指出，改变自己的走路姿势和速度，可以改变心理状态。看看周边那些表现出超凡自信心的人，走路的速度肯定比一般人要快一些。从他们的步伐中可以看到这样一种信息：我自信，相信不久之后我就会成功。所以，试着加快自己的走路速度。

4.说话时，一定要正视对方

眼睛是心灵的窗户，和对方说话时眼神躲躲闪闪就意味着：我犯了错误，我瞒着你做了别的事，怕一接触你的眼神就会穿帮。这是不好的信息，而正视对方就等于告诉他：我非常诚实，我光明正大，我告诉你的话都是真的，我不心虚。想要你的眼睛为你工作，就要让你的眼神专注别人，这样不但能增强自己的信心，而且能够得到别人的信任。

5.不要顾忌，大声地笑

笑可以使人增强信心，消除内心的惶恐，还能够激发自己战胜困难的勇气。真正的笑不但能化解自己的不良情绪，还能够化解对方的敌对情绪。向对方真诚地展露微笑，相信对方也不会再生你的气了。当你生气时，一定要对自己大声地笑，能大笑的时候就大笑，微微一笑是起不到什么大作用的，只有露齿大笑才能看到成效。

自信的人是最美的，他所散发出来的魅力不会因外表的平凡而有丝毫的减少。要用一种欣赏的眼光看世界，更要用欣赏的眼光看自己。好好欣赏你自己，因为自信，所以你魅力四射，让世界更加五彩缤纷，绚丽多姿。

成功从自信开始

为什么不多给自己一些信心呢？还是那句老话：成功从自信开始，自信是成功的基石。

有些人平时和身边的朋友亲人可以自由地侃侃而谈，而往往遇到陌生的却很关键场面就会变得很怯场，等于人为地为自己的成功之路设置了障碍。

美国一位职业指导专家认为，21世纪人们首先应当学会的是充满自信地推荐自己的技能。可见，在现代社会，面试过程中如何自信自如地把自己推荐给主考官是决定一生的大事。所以，每一个人都应当高度重视，记住：成功从自信开始，要想赢得一生的辉煌，就首先要满怀热诚地相信自己。

信心是力量与希望的源泉

并不是每一个贝壳都可以孕育出珍珠，也不是每一粒种子都可以萌生出幼芽，流水也会干涸，高山也可崩塌，而自信的人，可以在纷乱红尘中自由驰骋，游刃有余。

凡是自信的人都具有独立思考的能力以及忍辱负重的耐力，

以智慧判断出自己所需要的东西，树立正确的理想并且为之奋斗。人的一生，只有为自己做出了准确定位，放稳了自己的脚步，才能做到有目的而不盲从，遇挫折而不退缩，才能活出生命的意义。

沙粒之所以能成为珍珠，只是因为它有成为珍珠的信念。芸芸众生都只是一粒粒平凡的沙子，但只要怀有成为珍珠的信念，就能长成一颗颗珍珠。

也许你只是众多沙粒中最最平凡的一粒，但只要你有要成为珍珠的信念，并且忍耐着、坚持着，当走过黑暗与苦难的长长隧道时，你就会惊讶地发现，在不知不觉中，你已长成了一颗珍珠。每颗珍珠都是由沙子磨砺出来的，能够成为珍珠的沙粒都有着成为珍珠的坚定信念，并为之无怨无悔。

很多人都曾有过怀才不遇的感觉，自认为自己的才华未得到别人的认可，能力无处施展，这时候，不妨反观自身，以弥补自己的缺陷，使自己的满腔热情与自信在沉淀之后变得更加坚韧。

其实，人最佳的心态莫过于能屈能伸，既要有成为珍珠的信念，也要在信念的实现过程中承受必要的压力，甚至屈辱。在现实生活中，有的人会为了理想把侮辱当饭吃，还有的人会为了坚持理想，不惜忍辱负重。

这些人的做法，在很多人看来是无法理解的。也许他们认为自己的行为有意义，因而不在意别人的侮辱，一心一意只为了实现理想。

我们常常将理想比作前行路上的灯塔，即使海面波浪翻滚，狂风暴雨，依然能够为船只照亮前行的方向，这理想即是信念，更是智慧的导航。

除了自己，你没有其他任何依靠

如果说在这个世界上，只有一个人能帮助你，那个人就是你自己。面对困境，你只有勇敢自救，才能掌控人生的航向，主宰自己的命运。如果你把希望寄托在别人身上，被动消极地等待别人的救助，你无异于把自己的命运交由他人或“上帝”摆布，那么你的一切都不会由你说了算。

在困境中不要有等待他人援助的心理，要学会自己拯救自己。依赖他人的心理会使你消极怠工，让你陷入更危险的境地。

“求人不如求己”，凡事都依靠自己的人，也就能够从容地把握自己的人生。你的命运你做主，不要妄想有其他人来替你做主，依靠自己才是最明智的选择。

第八章

每一个优秀的人，都有一段沉默的时光

寂寞成长，无悔青春

每个想要突破目前的困境的人首先都需要耐得住寂寞，只有在寂寞中才能催生一个人的成长。

曾有人在谈及寂寞降临的体验时说：“寂寞来的时候，人就仿佛被抛进一个无底的黑洞，任你怎么挣扎呼号，回答你的，只有狰狞的空间。”的确，在追寻事业成功的路上，寂寞给人的精神煎熬是十分厉害的。想在事业上有所成就，自然不能像看电影、听故事那么轻松，必须得苦修苦练，必须得耐疑难、耐深奥、耐无趣、耐寂寞，而且要抵得住形形色色的诱惑。能耐得住寂寞是基本功，是最起码的心理素质。耐得住寂寞，才能不赶时髦，不受诱惑，才不会浅尝辄止，才能集中精力潜心于所从事的工作。耐得住寂寞的人，等到事业有成时，大家自然会投来钦佩的目光，这时就不寂寞了。而有着远大志向却耐不住寂寞，成天追求热闹，终日浸泡在欢乐场中，一混到老，最后什么成绩也没有的人，那就将真正寂寞了。其实，寂寞不是一片阴霾，寂寞也可以变成一缕阳光。只要你勇敢地接受寂寞，拥抱寂寞，以平和的爱心关爱寂寞，你会发现：寂寞并不可怕，可怕的是你对寂寞的惧怕；寂寞也不烦闷，烦闷的是你自己内心的空虚。

一个人想成功，一定要经过一段艰苦的过程。任何想在春花秋月中轻松获得成功的人距离成功遥不可及。这寂寞的过程正是你积蓄力量，开花前奋力地汲取营养的过程。如果你耐不住寂寞，成功永远不会降临于你。

每一只惊艳的蝴蝶，前身都是不起眼的毛毛虫

成功贵在坚持，要取得成功就要坚持不懈地努力，很多人的成功，也是饱尝了许多次的失败之后得到的，我们经常说什么“失败乃成功之母”，成功诚然是对失败的奖赏，但却也是对坚持者的奖赏。

古往今来，那些成功者们不都是依靠坚持而取得成就的吗？

被鲁迅誉为“史家之绝唱，无韵之《离骚》”的《史记》，其作者司马迁，享誉千古的文学大师，可是他取得这么大的成就是在什么情况下呢？

功到自然成。成功之前难免有失败，然而只要能克服困难，坚持不懈地努力，那么，成功就在眼前。

石头是很硬的，水是很柔软的，然而柔软的水却穿透了坚硬

的石头，这其中的原因无他，唯坚持而已。我们在黑暗中摸索，有时需要很长时间才能找寻到通往光明的道路。以勇敢者的气魄，坚定而自信地对自己说，我们不能放弃，一定要坚持。也只有坚持，才能让我们冲破禁锢的蚕茧，最终化成美丽的蝴蝶。

不喧哗，自有声

人生最大的自由，莫过于选择成败，成功者寥若晨星，更少有人青史留名，而失败者比比皆是。据有关学者研究证明：48%的人经历一次失败，就一蹶不振了；25%的人经历两次失败就泄气了；15%的人经历三次失败也放弃了；只有12%的人经历无数次的失败后，仍不气馁，始终朝着一个方向冲刺。他们坚信，只要方向不错，方法得当，坚持不懈、锲而不舍，成功只是时间问题。人生最大的敌人是自己，战胜自己是成功者的必经之路。

事实证明：只要有恒心，铁棒也能磨成针。看一个人，不必看他辉煌耀眼、春风得意之时，而应看他身处逆境时是怎样艰难跋涉的。执着是人类的一种美德，任何天赋、才华、强势都不能代替。不积跬步，无以至千里；不积细流，无以成江河。千里之行始于足下，做任何事情都必须有恒心。

做一个安静细微的人，于角落里自在开放

一个人若种植信心，他会收获品德。一个人若种下骄傲的种子，他必收获众叛亲离的果子，甚至带来不可预知的危险，就像

那只自夸自大、自我膨胀的狐狸一样。

但高傲的姿态，却是现代人的通病。大家都想吸引别人的目光，殊不知这目光可能投来善意，也可能投来恶意。越是高调的人，越容易成为众矢之的。老子在《道德经》中说：“生而不有，为而不恃，功成而不居。”又说：“功成名遂，身退，天之道。”如果成功之后，只知自我陶醉，迷失于成果之中停滞不前，那就是为自己的成就画了句号。

成功常在辛苦日，败事多因得意时。切记：不要老想着出风头。一个人的成绩都是在他谦虚好学、伏下身子踏实肯干的时候取得的，一旦骄气上升、自满自足，必然会停止前进的脚步。

一个人有一点儿能力，取得一些成绩和进步，产生一种满意和喜悦感，这是无可厚非的。但如果这种“满意”发展为“满足”，“喜悦”变为“狂妄”，那就成问题了。这样，已经取得的成绩和进步，将不再是通向新胜利的阶梯和起点，而成为继续前进的包袱和绊脚石，那就会酿成悲剧。

在这个世界上，谁都在为自己的成功拼搏，都想站在成功的巅峰上风光一下。但是成功的路只有一条，那就是放低姿态，不断学习。在通往成功的路上，人们都行色匆匆，有许多人就是在稍一回首、品味成就的时候被别人超越了。因此，有位成功人士的话很值得我们借鉴：“成功的路上没有止境，但永远存在险境；没有满足，却永远存在不足；在成功路上立足的最基本的要点就是学习，学习，再学习。”

心中有光的人，终会冲破一切黑暗和荆棘

当你面对人类的一切伟大成就的时候，你是否想到过，曾经为了创造这一切而经历过无数寂寞的日夜，他们不得不选择与寂寞结伴而行，有了此时的寂寞，才能获得自己苦苦追求的似锦前程。

很多时候成功不是一蹴而就的，要经过很多磨难，每个人无论如何都不能丢弃自己的梦想。执着于自己的目标和理想，把自己开拓的事业做下去。

很多时候，在日常生活、工作中我们必须在寂寞中度过，没有任何选择。这就是现实，有嘈杂就有安静，有欢声笑语，就有寂静悄然。

寂寞是一种力量，而且无比强大。事业成就者的秘密有许多，生活悠闲者的诀窍也有许多。但是，他们有一个共同的特点，那就是耐得住寂寞。谁耐得住寂寞，谁就有宁静的心情，谁有宁静的心情，谁就水到渠成，谁水到渠成谁就会有收获。山川草木无不含情，沧海桑田无不蕴理，天地万物无不藏美，那是它们在寂寞之后带给人们的享受。所以，耐住寂寞之士，何愁做不成想做的事情。有许多人过高地估计自己的毅力，其实他们没有跟寂寞认真地较量过。

我们常说，做什么事情需要坚持，只要奋力坚持下来，就会成功。这里的坚持是什么？就是寂寞。每天循规蹈矩地做一件事情，心便生厌，这也是耐不住寂寞的一种表现。

如果有一天，当寂寞紧紧地拴住你，哪怕一年半载，为了自己的追求不得不与寂寞搭肩并进的时候，心中没有那份失落，没有那份孤寂，没有那份被抛弃的感觉，才能证明你的毅力坚强。

人生不可能总是前呼后拥，人生在世难免要面对寂寞。寂寞是一条波澜不惊的小溪，它甚至掀不起一个浪花，然而它却孕育着可能成为飞瀑的希望，渗透着奔向大海的理想。坚守寂寞，坚持梦想，那朵盛开的花朵就是你盼望已久的成功。

虽然每一步都走得很慢，但我不曾退缩过

“登泰山而小天下”，这是成功者的境界，如果达不到这个高度，就不会有这个视野。但是，若想到达这种境界亦非易事，人们从岱庙前起步上山，进中天门，入南天门，上十八盘，登玉皇顶，这一步步拾级而上，起初倒觉轻松，但愈到上面便愈感艰难。十八盘的陡峭与险峻曾使无数登山客望而却步。游人只有努力向前，才能登上泰山山顶，体验杜甫当年“一览众山小”的酣畅意境。

要成功，最忌“一日曝之，十日寒之”，“三天打鱼，两天晒网”。数学家陈景润为了求证哥德巴赫猜想，用过的稿纸几乎可以装满一个小房间；作家姚雪垠为了写成长篇历史小说《李自成》，竟耗费了40年的心血，大量的事实告诉我们：无论你多么聪明，成功都是在踏实中，一步一步、一年一年积累起来的。

人类迄今为止，还不曾有一项重大的成就不是凭借坚持不懈的精神而实现的。

要成功，就要强迫自己一件一件地去做，并从最困难的事做起。有一个美国作家在编辑《西方名作》一书时，应约撰写102篇文章。这项工作花了他两年半的时间。加上其他一些工作，他每周都要干整整七天。他没有从最容易阐述的文章入手，而是给自己定下一个规矩：严格地按照字母顺序进行，绝不允许跳过任何一个自感费解的观点。另外，他始终坚持每天都首先完成困难较大的工作，再干其他的事。事实证明，这样做是行之有效的。

一个人如果要成功，就应该学习这些名人的经验，从小事入手，坚持下去，总有一天你会看到成功的阳光。

生活原本厚重，我们何必总想拈轻

每个人一生中的际遇都不相同，只要你耐得住寂寞，不断充实、完善自己，当际遇向你招手时，你就能很好地把握，获得成功。

耐得住寂寞，是所有成就事业者共同遵循的一个原则。它以踏实、厚重、沉思的姿态作为特征，以一种严谨、严肃、严峻的态度，追求着人生的目标。当这种目标价值得以实现时，他仍不喜形于色，而是以更踏实的人生态度去探求实现另一奋斗目标的途径。而浮躁的人生是与之相悖的，它以历来不甘寂寞和一味追赶时髦为特征，受到强烈的功利主义驱使。浮躁地向往，浮躁地追逐，只能产出浮躁的果实。这果实的表面或许是绚丽多彩的，但不具有实用价值和交换价值。

“论至德者不和于俗，成大功者不谋于众”，从侧面阐明的正是这个意思：至高无上之道德者，是不与世俗争辩的；而成就大业者往往是不与老百姓和谋的。这话乍听起来似乎有悖于历史唯物主义，但细细想来，也不无道理。“头悬梁锥刺骨”也好，“孟母三迁”“凿壁偷光”也好，大都说的是，成就大业者在其创业初期，都是能耐得住寂寞的，古今中外，概莫能外。门捷列夫的化学周期表的诞生，居里夫人镭元素的发现，陈景润在哥德巴赫猜想中摘取的桂冠等，都是在寂寞中扎扎实实做学问，在反反复复的冷静思索和数次实践后才得以成功的。

耐得住寂寞是一个人的品质，不是与生俱来，也不是一成不变，它需要长期的艰苦磨炼和凝重的自我修养、完善。耐得住寂寞是一种有价值、有意义的积累，而耐不住寂寞往往是对宝贵人生的挥霍。

一个人的生活中有可能会有这样那样的挫折和机遇，但只要你有一颗耐得住寂寞的心，用心去对看待与守望，成功一定会属于你。

不在沉默中爆发，就在沉默中灭亡

西方有位哲人在总结自己一生时说过这样的话：“在我整整七十五年的生命中，我没有过四个星期真正的安宁。这一生只是一块必须时常推上去又不断滚下来的崖石。”所以，追求宁静，或者是追求寂寞对许多人来说成了一个梦想。由此看来，寂寞并不是每个人都能享受的。

寂寞是一种难得的感觉，只有在拥有寂寞时，你才能静下心来悉心梳理自己烦乱的思绪，只有在拥有寂寞时，你才能让自己成熟。不在寂寞中升华，就在寂寞中死去。

许多人把失意、伤感、无为、消极等与寂寞联系在一起，认为将自己封闭起来就是寂寞，其实，这是一种误解。倘使这样去超越生活，不仅限制生命的成长，还会与现实产生隔阂，这样的人只是逃避生活。

寂寞是一种感受，是一种难得的感觉，是心灵的避难所，会给你足够的时间去舔舐伤口，重新以明朗的笑容直面人生。

懂得了寂寞，便能从容地面对阳光，将自己化作一杯清茗，在轻啜深酌中渐渐明白，不是所有的生长都能成熟，不是所有的欢歌都是幸福，不是所有的故事都会真实，有时，平淡是穿越灿烂而抵达美丽的一种高度，一种境界。

寂寞来时，轻轻闭上双眼，去聆听远方的鸟鸣，去感受灵魂深处的快乐。

第九章

你忍受的痛苦，都会变成将来的礼物

生命出现低谷时，要有一颗向阳的心

俄国文学家契诃夫说过："不懂得幽默的人，是没有希望的人。"

百年人生，逆境十之八九。我们在人生的旅途上，并非都是铺满鲜花的坦途，反而要常常与不如意的事情结伴而行。诸如考试落榜、工作解聘、官职被免、疾病缠身、情场失意等，都会使人叹息不止，产生强烈的失落感。有的人甚至从此一蹶不振，心理上长期处于沮丧、忧伤、懊悔、苦闷的状态，不但影响工作情绪和生活质量，而且有害于身心健康。

实际上，许多不如意的事，并非由于自己有什么过错，有时是由于自己力量不及，有时是由于客观条件不允许，有时则是"运气不佳"，有时甚至纯属天灾人祸。在这种情况下，如果面

对现实，及时调整心态，不时幽默一下，就能化解困境，平衡心理，使自己从苦闷、烦恼、消沉的泥潭中解脱出来。因此，生活中的每个人都应当学会少一点儿失望，多一点儿幽默。

有的人善于运用幽默的语言行为来处理各种关系，化解矛盾，消除敌对情绪。他们把幽默作为一种无形的保护伞，使自己在面对尴尬的场面时，能免受紧张、不安、恐惧、烦恼的侵害。幽默的语言可以解除困窘，营造出融洽的气氛。

当你遇到困难、挫折或是尴尬时，你不应该气馁、绝望或缩手缩脚。此时，最好的化解方法就是幽默，跟别人一起大笑一阵后，什么事都没了。幽默，既是自谦，又是自信。它不同于自轻自贱，更不同于自诩自大。当你学会了如何幽默时，你会发现，自己已经掌握了制造快乐、摆脱困境以及维护尊严的能力。

改变很难，不改变会一直很难

人的生命历程就像海浪一样，总是在高低起伏中前进。在前进的途中，有时我们会碰到一道又一道难以翻越的坎。这些坎就是我们人生的瓶颈，卡在这个瓶颈中，我们会有种既上不去又下不来的感觉。如果卡在那里的时间过长，恐怕我们的斗志将会被慢慢磨灭，甚至最后自我放弃。所以，我们要不断超越自己，突破我们人生的瓶颈。

人生难免摔跟头，一时的失意并不可怕，只要不失去希望、失去志向，就能突破人生的瓶颈，赢得属于自己的一片天空。历史上许多伟人，许多成功者，都有过失意的时候，而他们都能够做到失意而不失志，都能做到胜不骄，败不馁。

面对人生的瓶颈，我们要坚定自己的志向，永远怀着希望与信念，以毫不妥协的精神突破这些瓶颈，走出人生的低谷。

留得青山在，不怕没柴烧

俗话说得好："留得青山在，不怕没柴烧。"人的一生充满了风风雨雨，跌宕起伏，当一个人被命运甩到最低谷时，应该始终抱着这样的想法：只要生命尚存，就有东山再起的机会。即便颜面尽失，也要忍辱负重，以谋大业。

人为活而生，不是为死而生，活着就有希望。所有问题都有它的两面性或多面性，在生与死的边缘，弃死求生才是正确的抉择，为了成就明日的伟业，暂且"苟且偷生"也未尝不可。

甘地说过："生由死而来。麦子为了萌芽，它的种子必须要死了才行。"暂时的退是为了更好的进，舍弃是为了获得，是还想要有更大的作为。

所以"留得青山在，不怕没柴烧"是一种大智慧。拥有这种大智慧的人是真正有远见、有毅力的人，这样的人在任何情况下都不会绝望，只有这样的人才能赢得人生的最后胜利。

摆脱厄运的办法是不向它认输

再怎么成功的人，也会有不顺心的时候，也会有徒劳无功的时候，也会经历磨难的侵扰，但这些人不会太在意这些逆境的信息，而是将其视为不完美的结果，坚持着忍耐下去，并且坦然面对，累积这些“结果”，达到最后的成功。

为什么拿破仑能够突破重重阻力而叱咤风云？为什么海伦·凯勒在双目失明的情况下，心中依然有光明之梦？一个共同之处就是他们都经历过一个又一个的磨难，并且在磨难的打击中迅速成长起来。也正因为如此，伟人们镇定自若，“泰山崩于前而色不变，猛虎趋于后而心不惊。”

安逸舒适的环境容易消磨人的意志，最后导致人一无所成。接受命运的挑战是我们磨炼自己、施展抱负、实现梦想的最佳方法。

任何一个成大事者必须具备忍耐挫折，忍耐成功前的艰辛的能力，更要具备忍耐不如意的时时侵扰。假如你想赚钱、想创业、想成名，一定要先掂量掂量自己：面对从肉体到精神上的全面折磨，你有没有那样一种宠辱不惊的“定力”与“忍耐力”。因为，创业要比一般人承受更多的困难、挫折乃至痛苦和孤独。无论遇到什么事情，哪怕是违背自己本意的事情，都得控制自己的情绪，不得有过激的言行；否则，你很有可能会前功尽弃。

人生不可能一帆风顺，机会也不会总顺风而来，蕴藏在逆境中的机会有时更加巨大，足以改变人的一生，所以，对于逆境也应该抱着一种忍耐的态度。磨难虽苦，但却可以化为人生的财富。

痛苦割破了你的心，却掘出了生命的新水源

罗曼·罗丹曾说：“只有把抱怨别人和环境的心情，化为上进的力量，才是成功的保证。”命运的挫折磨难，可以使人脆弱

萎靡，也可以使人坚强冷静。学会忍耐，你就能够把握自己的命运。

无论你位高权重，还是富甲一方，你都会遭遇折磨你的人，那么，当你面对这些折磨你的人的时候，你是忍耐、以不断改进自己来适应，还是怒不可遏、跟自己过不去？很显然，选择前者是明智之举。

一个折磨你的人，却往往是成就你的人。的确，你只有感谢曾经折磨过自己的人或事，才能体会出那实际上短暂而有风险的生命意义；你只有懂得宽容自己不可能宽容的人，才能看见自己目标的远阔，才能重新认识自己……

有所忍才能有所成，内圣才能外王，守柔才能刚强。要知横逆之来，不可便动气，先思取之之故，即得处之之法。

狂风暴雨往往摧残禾苗的生长，却也是它们结果的必然条件。当折磨你的人出现时，说明你的成功机遇已经来临。当然，这得需要你学会忍耐，接受那些肆意的折磨与侮辱，梅花香自苦寒来，只有耐得一时之苦，才会享受一世之甜。

没痛过的仙人掌，怎么懂得把刺收藏

人生如果是一场表演的话，那么只有让它更具张力，你的表演才更具内涵。因为有了张力，水珠会变得晶莹剔透、饱满圆润；有了张力，人生就会不鸣则已，一鸣惊人。

生命是一张上帝签发的支票，就看你怎样去用。如果你善于忍耐，敢于用暂时的屈服，来处理不利的境遇，那么，你的人生就会更具张力，那么你的这张支票也就实现了价值的最大化。

人的一生不可能一帆风顺，遇到挫折和困难是难免的。当你人生走到了“山”的顶峰，必然会走下坡路，但如果你能做到坦然面对、心态放平稳，在忍耐中让自己变得更加坚强，让生命更具张力，那么你就有可能会在难言的忍耐之后，获得爆发的机会。

不忘初心，方得始终

“生当作人杰，死亦为鬼雄。至今思项羽，不肯过江东。”这是著名的女词人李清照赞颂西楚霸王项羽的一首诗，诗中虽然充满了豪情，但却难免给人英雄气短的感觉。试想一下，如果当年项羽能够忍受一时的屈辱，过得江东之后重整人马，那么历史便很有可能被改写。

而他的对手刘邦，则将一个“忍”字发挥到了极致。刘邦为了将来的前程似锦，忍住浮华诱惑，锋芒暂隐，静待转机。这也许正是他最终胜出项羽的原因。就勇猛来说，项羽力拔山兮气盖世；就智慧来说，项羽也不乏胆识与聪明；就实力来说，项羽是一代霸王，有过众望所归的气势。然而就是一个不能忍，破坏了全部的计划，影响了最终的结局，可见，忍字的力量无穷无尽。

小不忍则乱大谋，忍人一时之疑，一定之辱，一方面是脱离被动的局面，同时也是一种对意志、毅力的磨炼，另一方面，为日后的发愤图强和励精图治奠定了一定的基础。而不能忍者，则要品尝自己急躁播下的苦果。

委屈才能求全

很多时候，暂时的败、一时的退、短期的弱对事业和人生来说都不一定是坏事。相反，它会为你的下一次进步积蓄冲击力。为人处世要有退步的气魄，要学会退，以退为进。要学会委曲求全，始终相信纵然有一时的不如意，也终将成为过去。

委曲求全一词蕴含着古人的智慧，只有委屈一时，才能让怒火消除，让人冷静处事，那么做错事的概率也就会降到最低。

正如跳高、跳远，要退到后面很远的地方，起跳时才会有更强的冲击力。生活也是如此，退后一步，就是为了更好地前进。一时的委屈是为了永久的安然。忍一时的不冷静，对人对己都有好处。当不愉快的事情发生后，退一步想，就会海阔天空。在实际生活中，不管你多么有能耐，多么无情，总是有人比你更有能耐，更加无情。拼个鱼死网破，倒不如后退几步，另求他路。

古往今来，安身处世者大有人在，曲径通幽，卧薪尝胆，委曲求全，最终成大业者都经历过退步，才能干出轰轰烈烈的壮举。退后一步，即使一时处于低势，但在心灵上获得了某种轻松、潇洒的感觉，在精神上，做好了向前冲的准备。

情绪不失控，人生就不失控

处世经典《增广贤文》上说：“酒是穿肠的毒药，色是剐骨的钢刀，气是下山的猛虎，怒是惹祸的根苗。”愤怒就像决堤的洪水那样淹没人的理智，让人做出不可思议的蠢事，甚至招来杀身之祸。

愤怒就像决堤的洪水那样淹没人的理智，让人做出不可思议的蠢事。“忍”字头上一把刀，忍耐会有痛苦；“忍”字下面一颗心，忍耐会受煎熬；忍耐就好似手刃自己的心，需要时间等待伤口慢慢愈合；忍得头上乌云散，拨开云雾见阳光。

不分青红皂白，一时的冲动很有可能会断送自己的大好前程，造成严重的后果。据统计，怒火给人类造成的损失比全世界烧掉的煤炭还要多出成百上千倍。

哲学家康德说：“生气，是用别人的错误惩罚自己。”的确，冲动就有这样的魔力，让人身不由己，敢做平时不敢做的事情，愿做平时不愿意做的事情，就好像失去理智的罪犯那样走上极端，亲手毁掉自身的幸福。

所以，每个人都不要轻易地冲动，学会忍耐，要把魔鬼赶得无影无踪，用平常、平淡的心理，理智地对待各种事情。

借别人的力量，也能实现自己的梦想

没有一个人可以不依靠别人而独立生活，这本是一个需要互相扶持的社会，先主动伸出友谊的手，你会发现原来四周有这么多的朋友。在生命的道路上我们更需要和其他的人互相扶持，一起共同成长。

要想成就一番大事业，单靠自己一方面的力量是不够的，在力量不强大时，就要善于积极借助他方的力量。在他方的大树下，开辟一片新天地，这不仅仅是谋略，也是一种成功经验的智能产物。

忍下来，就是向前一步

小不忍则乱大谋，小不忍难成大器，这是中华民族五千年来的浓缩智慧，是华夏子孙生生不息的古老传承。能承受者，不计较一城一池的得失，更不逞一时的口舌之快；笑到最后，才是笑得最好，能成功者，首先要能够付出，其次是能够承受，最重要的，是能够忍耐。不与侮辱自己的敌人计较，并不是说要让自己毫无原则，而是要忘却侮辱带来的烦恼，化敌为友，展现自己的素养。

哲学家康德曾说："生气，是拿别人的错误惩罚自己。"人与人的差别，有时在于如何对待受气，在于能不能承受"气"。

不能忍者必然被焦虑、愤怒、抑郁等不良情绪困扰着，导致情绪失控，其实最后受伤害的是自己。对于理智的人而言，学会忍耐是必不可少的人生功课。俄国文学家屠格涅夫在"开口之前，先把舌头在嘴里转个圈"，即动怒之前先不讲话，以缓和不良情绪。当需求受阻或遭受挫折时，可以用满足另一种需求的方式来减弱自己的挫败感，以发挥自身的优势，激发自信心。

第十章

再牛的梦想，也抵不住傻瓜似的坚持

将来的你，一定会感谢现在努力的自己

我们之所以没有成功，很多时候是因为在通往成功的路上，我们没能耐得住寂寞，没有专注于脚下的路。

在通往成功的道路上，如果你能耐得住寂寞，专注于脚下的路，目的地就在你的前方，只要努力，你一定会走到终点；如果你专注于困难，始终想不到目的地就在离你不远的前方，你永远都走不到终点！

可能在人生旅途中我们会有理想也会有很多目标，但我们从来都不知道会遇到什么困难，所以你努力地朝着终点前进，你在过程中变得更自信更坚强，最终也走到了目的地。但如果你已经预测到了，我们的旅途是何等艰辛，它困难重重，我们千方百计地去设想、规划每个可能碰到的困难，结果我们在攻克中迷失了

方向，在想的过程中目的地已经离我们太远了。

心失衡，世界就会倾斜

我们所拥有的并不是太少，而是欲望太多，一旦落入欲望的圈套，再强的抵抗能力都会被瓦解。

人常常如此，人的私心与贪欲常常使自己重重地跌倒在“欲望”的旋涡里。

事实上，我们所拥有的并不是太少，而是欲望太多。欲望使我们感到不满足、不快乐；欲望解除了我们的思想武装，使我们最终任人摆布。

鱼有水才能自在地优游嬉戏，但是它们忘记自己置身于水；鸟借风力才能自由翱翔，但是它们却不知道自己置身风中。人如果能看清此中道理，就可以超然置身于物欲的诱惑之外，获得人生的乐趣。

不可否认，在这个灯红酒绿的社会，物质的诱惑何其多，你若能够沉下心来对抗心底的那份寂寞，坦然面对，不忘乎所以，那么你就不会被身外之物所苦，不被身外之物所累，在正确的道路上一往无前。

宁可做了失败，也别不做后悔

生活中，很多事情你越是想远离痛苦就越觉得痛苦，越是想要放弃或逃避越是逃脱不了：父母生活在社会的底层，不能做你强有力的靠山，还要你赚钱贴补家用；你没有过人的才华，不懂得为人处世的技巧，在办公室里，你要小心翼翼地做人，唯恐一时失言把别人得罪了；你没有漂亮的脸蛋、魔鬼的身材，走在人群当中，你不知道该用怎样的资本去高昂头颅，展露属于自己的那份自信……

其实，逆风的方向，更适合飞翔。“我不怕万神阻挡，只怕自己投降。”一个人无论面对怎样的环境，面对再大的困难，都不能放弃自己的信念，放弃对生活的热爱。很多时候，打败自己的不是外部环境，而是你自己。

只要一息尚存，我们就要追求、奋斗。那么，即便遭遇再大的困难，我们都一定能化解、克服，并于逆风之处扶摇直上，做到“人在低处也飞扬”。

缺点并不可怕，平凡也不是闪光的坟墓。人生之中，无论我们处于何种在他人看来卑微的境地，我们都不必自暴自弃，只要我们能耐得住寂寞，心中有渴望崛起的信念，只要我们能坚定不移地笑对生活，那么，我们一定能为自己开创一个辉煌美好的未来！

看不清未来，就把握好现在

当我们不具备成功的天赋时，只有脚踏实地，才能让自己站稳脚跟。正如山崖上的松柏，经过无数暴风雪的洗礼，只有坚定地盘固于土地，它们才长成坚固的树干。

一个人若不敢向命运挑战，不敢在生活中开创自己的蓝天，命运给予他的也许仅是一个枯井的地盘，举目所见将只是蛛网和尘埃，充耳所闻的也只是唧唧虫鸣。

所以，成功需要付出，希望需要汗水来实现，人生需要勤奋来铸就。

坚定自强不息的信念，让它深深地根植于你的心中，它就会激发你各方面的潜能，使你勇敢面对工作中的一切困难和障碍。

努力把自己的事做得更好，就是一种创造！厨师把菜做得更美味可口，裁缝把衣服做得更美观耐穿，建筑师盖出更舒适的房屋，司机开车更安全，作家努力写出更好的文章，都会为自己带来幸运，同时也为他人带来幸福。

无论是在生活中还是在工作中，都需要我们脚踏实地，时时衡量自己的实力，不断调整自己的方向，一步一步达到自己的目标。

成功就是坚持，且拒绝浮躁

随着CPI上涨、房价暴涨、股市暴跌，在我们的心灵深处，总有一种力量使我们茫然不安，让我们无法宁静，这种力量叫浮躁。“浮躁”在字典里解释为：“急躁，不沉稳。”浮躁常常表现为：心浮气躁，心神不宁；自寻烦恼，喜怒无常；见异思迁，盲动冒险；患得患失，不安分守己；这山望着那山高，既要鱼也要熊掌；静不下心来，耐不住寂寞，稍不如意就轻易放弃，从来不肯为一件事倾尽全力。

随着经济发展如浪潮般步步攀高，这种浮躁的气息在社会中蔓延，几乎触及了参与其中的每一个人。很多人都想成功，却总是被成功拒之门外。

很多人在做事情的时候不能静下心来扎扎实实地从基础开始，总是觉得踏踏实实地做事情的方法很笨，于是做什么事情都求快，想以最小的付出获得最大的利益，浮躁的心态让人不会专注地做一件事情，所以很难成功。在人生的牌局中，要想赢牌，浮躁就是最大的敌人。

如果我们能安下心来认真做一件事情，就没有做不好的。很多人开始做事情时会满腔热血，但慢慢地这种热情会消退，最后就会被完全放弃。是什么原因让那么多人半途而废呢？是急于求成、不愿直面困难的浮躁心理。很多人好高骛远，总是急于看到事情的结果，而不能忍受事情完成的过程，当他们觉得这些事情没有意义时，便选择了放弃。

古往今来，那些成大器者，无不是沉稳、干练、能够耐得住寂寞的人。

浮躁是一种情绪，一种并不可取的生活态度。人浮躁了，会终日处在又忙又烦的应急状态中，脾气会暴躁，神经会紧绷，长久下来，会被生活的急流所挟裹。凡成事者，要心存高远，更要脚踏实地，这个道理并不难懂。

踏实、沉稳，心平气和、不急不躁，抛开浮躁的心态，从身边的小事做起，脚踏实地地坚持，坚忍不拔地努力，我们才有可能达成人生的目标，走到成功的那一步。

梦想带来希望，妄想带入绝境

有越来越多的例子证明，能够耐得住寂寞的人比较容易成功。哈佛大学心理学家丹尼尔·戈尔曼的《情商》一书，把情绪智力（也称情商）定义为："能认识自己和他人的感觉，自我激励，以及很好地控制自己在人际交往中的情绪的能力。"情商分为五种情绪能力和社会能力：自知、移情、自律、自强和社交技巧。自知，意味着知道自己当前的感受。因为我们整天都忙忙碌碌，所以就无暇顾及反省和自知。一个人的自我形象与其在他人眼中的形象越一致，他的人际关系就越成功。情商的第二个组成部分（移情），能培养我们的同情心和无私精神，并能带来合作。情商的第三部分是控制自己情绪的能力。情商高的人能更好地从人生的挫折和低潮中恢复过来。第四部分是自强，自强的人能够很好地控制情绪，不靠冲击或刺激就能采取行动。最后，社交技巧指的是通过与他人友好地交流来掌握人际关系的能力。一个高智商的人，完全可以与一个低智商但有着高水平交往技巧的人很好地合作。

戈尔曼和研究人员针对4岁小孩子成长过程中对诱惑的控制来说明抵制诱惑、强烈自制的重要性，以及和个人成功的关系。调查表明，那些在4岁时能以坚忍换得第二颗软糖的孩子常成为适应性较强、冒险精神较强、比较受人喜欢、比较自信、比较独立的少年；而那些在早年经不起软糖诱惑的孩子则更可能成为孤僻、易受挫、固执的少年，他们往往屈从于压力并逃避挑战。对这些孩子分两级进行学术能力倾向测试的结果表明，那些在软糖实验中坚持时间较长的孩子的平均得分高达210分。研究还发现，那些能够为获得更多的软糖而等待得更久的孩子要比那些缺乏耐心的孩子更容易获得成功，他们的学习成绩要相对好一些。在后来的几十年的跟踪观察中发现，有耐心的孩子在事业上的表现也较为出色。

在一粒芝麻与一个西瓜之间，你一定明白什么是明智的选择。如果某种诱惑能满足你当前的需要，但会妨碍达到更大的成功或长久的幸福，那就请你屏神静气，站稳立场，耐得住寂寞。一个人是这样，一个企业、一个社会也是这样。

请一条路走到底

幸运、成功永远只能属于辛劳的人，有恒心不易变动的人，能坚持到底、绝不轻言放弃的人。耐性与恒心是实现目标过程中不可缺少的条件，是发挥潜能的必要因素。耐性、恒心与追求结合之后，形成了百折不挠的巨大力量。

拥有耐力和恒心，虽然不一定能使我们事事成功，却绝不会令我们事事失败。古巴比伦富翁拥有恒久的财富秘诀之一，便是保持足够的耐心，坚定发财的意志，所以他才有能力建设自己的家园。任何成就都来源于持久不懈的努力，要把人生看作一场持久的马拉松。整个过程虽然很漫长、很劳累，但在挥洒汗水的时候，我们已经慢慢接近了成功的终点。半路放弃，我们就必须要找到新的起点，那样我们只会更加迷失，可是如果能坚持原路行进，终点不会弃我们而去。也许，我们每个人的心里都有一个执着的愿望，只是一不小心把它丢失在了时间的蹉跎里，让天下间最容易的事变成了最难的事。然而，天下事最难的不过十分之一，能做成的有十分之九。要想成就大事大业的人，尤其要有恒心来成就它，要以坚忍不拔的毅力、百折不挠的精神、排除纷繁复杂的耐性、坚贞不变的气质，作为涵养恒心的要素，去实现人生的目标。

宁要一个完成，不要千万个开始

《明日歌》曾经写道："明日复明日，明日何其多！日日待明日，万事成蹉跎。"生活中拖延的现象屡见不鲜，会让人一事无成，甚至毁掉前程。所以生活中一定要克制拖延，克制拖延你才能成功。

每个人的生命都是有限的。你可以给自己时间，但生命却不会给你时间，正如中国古代诗人李商隐所吟诵的"人间桑海朝朝变，莫遣佳期更后期"。

有些事情你的确想做，但却总是在拖延，同时你安慰自己并没有真正放弃决心。你会跟自己说："我知道我要做这件事，可是我也许会做不好或不愿意现在就做。应该准备好再做，于是，我当然可以心安理得了。"每当你需要完成某个艰苦的工作时，你都可以求助于这种所谓的"拖延法宝"，这个法宝成了你最容易也是最好的逃避方式。你拖延得了一时，却拖延不过一世。在你避免可能遭到失败的同时，你也失去了取得成功的机会。

从现在开始行动

不要逃避今天的责任而等到明天去做，因为，明天是永远不会来临的。现在就采取行动吧，即使你的行动不会使你马上成功，但是总比坐以待毙要好。当你养成“现在就动手做”的习惯，那么你就将掌握主动进取的精髓。

生命中真正的财富往往属于那些能以行动积极寻求的人。成功不会由挂着皇家徽章的管弦乐队伴随着而来，它往往属于长期艰苦努力工作的人。

不要等待“时来运转”，也不要由于等不到而觉得恼火和委屈，要从小事做起，要用行动争取胜利。记住，立即行动！